Premiere 短视频
拍摄+剪辑+特效 关键技术

印象

新

黄天乐 编著

人民邮电出版社

北 京

图书在版编目（CIP）数据

新印象Premiere短视频拍摄+剪辑+特效关键技术 / 黄天乐编著. -- 北京：人民邮电出版社，2022.9
ISBN 978-7-115-59014-5

Ⅰ. ①新… Ⅱ. ①黄… Ⅲ. ①视频编辑软件 Ⅳ. ①TN94

中国版本图书馆CIP数据核字(2022)第053079号

内 容 提 要

本书是关于视频剪辑及制作的教程，主要讲解 Premiere 软件的操作和使用方法，搭配各种类型的案例来介绍视频的制作和剪辑方法。本书内容循序渐进，从基础到进阶，确保读者在学习完本书之后掌握向更高专业水平发展的基础知识，制作出高质量的视频。

全书共 9 章，第 1～3 章对视频制作的相关知识进行介绍，讲解 Premiere 软件的基础操作和视频剪辑的方法，以及视频制作的基本流程；第 4～9 章对 Premiere 软件的操作方法进行细分讲解，包含对关键帧、文本图形、视频转场、视频效果、调色、音频和插件的介绍。

本书适合视频创作者、自媒体从业者、新媒体运营者、影视爱好者学习使用，也可作为中、高等院校相关专业和培训机构的辅导教材。

♦ 编　著　黄天乐
　　责任编辑　王　冉
　　责任印制　马振武

♦ 人民邮电出版社出版发行　　北京市丰台区成寿寺路 11 号
　　邮编　100164　　电子邮件　315@ptpress.com.cn
　　网址　http://www.ptpress.com.cn
　　北京瑞禾彩色印刷有限公司印刷

♦ 开本：787×1092　1/16
　　印张：19　　　　　　　　2022 年 9 月第 1 版
　　字数：504 千字　　　　　2022 年 9 月北京第 1 次印刷

定价：129.80 元

读者服务热线：**(010)81055410**　印装质量热线：**(010)81055316**
反盗版热线：**(010)81055315**
广告经营许可证：京东市监广登字 **20170147** 号

案例训练：创建食物快闪视频

■ 学习目标　掌握添加序列的方法　　　　　　　　第48页

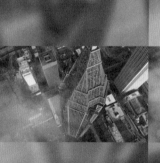   

案例训练：剪辑"风景欣赏"视频

■ 学习目标　掌握多种剪辑工具的用法　　　　　　第75页

案例训练：制作三屏和上下模糊效果

■ 学习目标　掌握"效果控件"面板的用法　　　　第86页

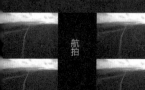 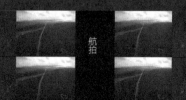

案例训练：在屏幕中设置多个画面

■ 学习目标　掌握"效果控件"面板的用法　　　　第87页

案例训练：制作动态水印

■ 学习目标 掌握"位置"关键帧的用法

案例训练：制作VCR播放效果

■ 学习目标 掌握"不透明度"关键帧的用法

案例训练：制作片尾字幕

■ 学习目标 学习旧版标题的用法

综合训练：制作大片文字

■ 学习目标 掌握旧版标题的用法

综合训练：制作手写文字

■ 学习目标 掌握旧版标题的用法

综合训练：制作逐字发光效果

■ 学习目标　掌握"字幕"窗口的用法

第133页

案例训练：制作电影开场效果

■ 学习目标　学习"双侧平推门"与"渐变擦除"效果的用法

第145页

案例训练：制作相机拍摄的定格画面

■ 学习目标　掌握"白场过渡"效果的用法

第151页

案例训练：模拟翻书的转场效果

■ 学习目标　学习"翻页"效果的用法

第155页

案例训练：制作镂空的文字转场

■ 学习目标　学习"轨道遮罩键"效果的用法　　**第159页**

案例训练：制作快速变化的转场

■ 学习目标　掌握"高斯模糊"效果在转场中的用法　　**第161页**

案例训练：制作画面分割的转场

■ 学习目标　掌握"线性擦除"效果在转场中的用法　　**第164页**

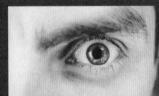

案例训练：制作炫酷瞳孔转场

■ 学习目标　掌握"蒙版"和"溶解"效果在转场中的用法　　**第167页**

案例训练：制作画面消散转场

■ 学习目标　掌握"亮度键"效果在转场中的用法　　**第169页**

案例训练：制作回忆式转场

■ 学习目标　掌握"湍流置换"效果在转场中的用法

案例训练：制作时空弯曲的转场

■ 学习目标　掌握"镜头扭曲"效果在转场中的用法

案例训练：制作像素损坏风格转场

■ 学习目标　学习"色彩"和"浮雕"效果在转场中的用法

综合训练：制作动态蒙版转场

■ 学习目标　掌握关键帧和蒙版的用法

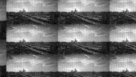

案例训练：使屏幕充满相同画面

■ 学习目标　学习"复制"效果的用法

精彩案例展示

案例训练：制作玻璃划过视频效果

■ 学习目标　掌握"径向阴影"和"轨道遮罩键"效果的用法　　　　**第241页**

案例训练：模拟复古风格电影效果

■ 学习目标　掌握"黑白"与"锐化"效果的用法　　　　**第258页**

案例训练：制作冷色调时尚大片

■ 学习目标　掌握"颜色平衡（HLS）"效果、RGB曲线和"划出"效果的用法　　　　**第271页**

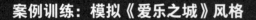

案例训练：模拟《爱乐之城》风格

■ 学习目标　学习基本校正、色轮和匹配的用法　　　　**第277页**

综合训练：制作漫画风格视频

■ 学习目标　掌握"查找边缘"效果的用法　　　　**第283页**

前言

　　近年来，随着互联网的发展和人们获取信息途径的改变，越来越多的人开始学习视频制作。市场上关于视频制作的图书有很多，但真正适合初学者学习的图书并不多。视频制作涉及知识范围广，想要制作出优秀的视频，需要掌握多方面的知识，初学者学习视频制作时往往不知道从何下手，或者在遇到专业性较强的计算机软件时容易放弃。本书针对初学者容易遇到的问题进行了内容组织与编写。在本书中，软件的操作方法是非常重要的一部分，同时本书也对视频制作的必备知识进行了拓展，例如，怎样撰写视频脚本，怎样构图可以使视频更美观、更专业，什么样的镜头可以用来表现什么样的场景等。本书可以满足大多数初学者的需求，让读者不仅了解视频的后期制作，也了解视频的前期制作，能更全面地掌握视频剪辑与创作技巧，在掌握视频制作软件的同时提高制作水平。

内容特点

　　1.图文并茂，让读者阅读时更容易理解各种操作，做到即使在不使用计算机的情况下，也可以有效地学习和掌握相关知识。

　　2.搭配各种类型的实际操作案例，与各章节内容结合紧密，使软件的学习更加系统、循序渐进。

　　3.以软件操作为主要内容，从视频制作流程入手，让读者掌握视频制作的各个环节，了解剪辑的同时还能学会效果制作、视频调色和音频处理的方法。

　　4.辅以对拍摄和叙事等基础理论的讲解，可提高初学者的综合技能，为学习专业知识打下良好的基础。

　　5.书中的技巧提示模块能在一定程度上解决读者在制作视频时遇到的困难，帮助读者快速掌握软件使用技巧。

编者

2022年5月

资源与支持

本书由"数艺设"出品，"数艺设"社区平台（www.shuyishe.com）为您提供后续服务。

配套资源

素材文件： 视频、音频、图片素材。
实例文件： 视频源文件。
效果文件： 视频最终效果文件。

资源获取请扫码

"数艺设"社区平台，为艺术设计从业者提供专业的教育产品。

与我们联系

我们的联系邮箱是szys@ptpress.com.cn。如果您对本书有任何疑问或建议，请您发邮件给我们，并请在邮件标题中注明本书书名及ISBN，以便我们更高效地做出反馈。

如果您有兴趣出版图书、录制教学课程，或者参与技术审校等工作，可以发邮件给我们。如果学校、培训机构或企业想批量购买本书或"数艺设"出版的其他图书，也可以发邮件联系我们。

如果您在网上发现针对"数艺设"出品图书的各种形式的盗版行为，包括对图书全部或部分内容的非授权传播，请您将怀疑有侵权行为的链接通过邮件发给我们。您的这一举动是对作者权益的保护，也是我们持续为您提供有价值的内容的动力之源。

关于"数艺设"

人民邮电出版社有限公司旗下品牌"数艺设"，专注于专业艺术设计类图书出版，为艺术设计从业者提供专业的图书、视频电子书、课程等教育产品。出版领域涉及平面、三维、影视、摄影与后期等数字艺术门类，字体设计、品牌设计、色彩设计等设计理论与应用门类，UI设计、电商设计、新媒体设计、游戏设计、交互设计、原型设计等互联网设计门类，环艺设计手绘、插画设计手绘、工业设计手绘等设计手绘门类。更多服务请访问"数艺设"社区平台www.shuyishe.com。我们将提供及时、准确、专业的学习服务。

目录

第3章 视频剪辑的基本操作方法 63

第4章 了解关键帧的重要性 93

第5章 文本图形的编辑..113

第6章 视频转场的制作..135

第7章 视频效果的添加 185

第8章 对视频进行调色 253

第 1 章
如何创作
有趣的短视频

■ **学习目的**

　　每一位想要学习 Premiere 的读者都希望能够通过自己的努力创作出有趣的短视频。在开始创作短视频前，需要了解和学习一些关于短视频的基础知识。本章将详细讲解短视频的各类风格、如何撰写简单的拍摄脚本、关于拍摄的基础理论知识和为什么选择 Premiere 进行短视频制作，为之后制作短视频打下坚实的基础。

■ **主要内容**

· 了解各种短视频风格　　　· 了解短视频制作要求

· 了解如何选择制作软件　　· 了解短视频基本信息

1.1 确定短视频风格

在短视频发展得如火如荼的今天，各种类型的短视频层出不穷，每种短视频都对应着不同的制作技巧。因此，如果想要制作出主流且优质的短视频，找对短视频风格及采用相应的制作技巧非常重要。下面总结了6种目前比较受欢迎的短视频类型，读者可以通过学习以下知识找到自己喜欢的和适合自己的短视频风格。

1.1.1 音乐类

音乐类短视频多以演唱、翻唱和乐器演奏等为主题，此类短视频以内容为主，剪辑和后期的作用较小。通过剪辑和后期，可以使短视频的节奏更为紧凑，还可以通过字幕等方式来添加歌词、音乐介绍、表演人员等信息。剪辑和后期更多起到一种辅助作用，因为这类短视频主要是通过表演者的表演来吸引观众的，如图1-1所示。

图1-1

1.1.2 知识类

知识类短视频主要传播碎片化的知识信息。目前较为主流的知识类短视频通常有两种类型：一种是基于实际拍摄的知识类短视频，另一种是动画形式的知识类短视频。知识类短视频包含的种类很多，涉及的内容也很广，无论是校园学习还是科学实验，都可以制作成知识类短视频。Premiere非常适合制作知识类短视频，因为知识类短视频通常需要在短时间内向观众传播信息，而且往往需要辅以文字说明才能让观众理解得更加透彻，如图1-2所示。

图1-2

1.1.3 生活类

生活类短视频是近年来非常热门的视频类型。生活类短视频主要以创作者的分享为主题，涉及生活的方方面面，如美妆穿搭、手工绘画等。生活类短视频大多轻松、有趣，因此在制作此类短视频时应注意前期拍摄和后期剪辑的相互配合，例如，使用一些可爱的效果来增添短视频的趣味，或是使用文字清楚地进行介绍。

1.1.4 资讯类

资讯类短视频主要以时事为主题。在这一类短视频中，Premiere主要起到后期补充说明的作用，用以介绍时事内容，如配合剪辑和音乐来介绍某个事件。

1.1.5 游戏类

游戏类短视频也是近年来非常热门的短视频类型，通常以游戏解说为主题，也有以主播在游戏或生活中的趣事为主题的短视频。这类短视频通常语言幽默，风格搞笑，可利用Premiere配合一些表情包和花字效果来增添短视频的趣味，同时通过剪辑和配音等方式来为短视频增色。

1.1.6 数码类

数码类短视频是指以手机、计算机、摄影、摄像等为主题的涉及数码电子领域的短视频，内容可以是对新产品进行测评，分享使用体验和使用技巧等。这类短视频的制作通常要注意剪辑的节奏和解说的配合，同时辅以文字和图示进行说明，如图1-3所示。

图1-3

1.2 如何撰写短视频脚本

在很多时候，我们拍摄出的画面与想象中的画面存在较大的差距，这可能是由于拍摄时已经忘记了最初的想法，或者根本就没有想过应该如何具体安排镜头。想要拍摄并制作一个结构清晰、情节紧凑的短视频，离不开脚本的帮助。脚本就像一个规划表，可以引导我们完成在脑海中构思出来的画面和故事。短视频脚本一般应包括7个方面的内容，如图1-4所示。

短视频脚本						
镜头号	景别	画面描述	字幕	时长	音乐	效果

图1-4

镜头号：用来标注拍摄的是第几个镜头，方便后期进行剪辑。

景别：根据自己的构想设置拍摄的景别，可以辅以文字描述。

画面描述：对拍摄的画面进行描述，提醒拍摄者想要拍摄的画面是什么样子的，因此要尽可能详细地进行描述。

字幕：一般根据文案进行设置，可以是解说，也可以是对话。

时长：确定拍摄镜头的大概时长。

音乐：确定是否需要用到背景音乐，使用时需结合画面、剧情和情绪引导。

效果：标注在后期制作时何处需要用到什么样的效果，以增加短视频画面的多样性。

在了解了短视频脚本的基本内容后，还需要知道撰写脚本的步骤。在拍摄前需要确定拍摄主题，以生活类短视频为例，可以为美食探店或踏青出游等。确定主题后需要撰写文案，撰写文案有利于拍摄时保持清晰的思路，降低拍摄错误率，提高拍摄效率。以五一美食探店短视频为例，可以描述会品尝什么美食并对每种美食做相应的介绍。确定文案后就可以基于文案完善短视频脚本，如需要什么样的镜头、解说和音乐，最终脚本如图1-5所示。

五一美食探店短视频脚本

镜头号	景别	画面描述	字幕	时长	音乐	效果
1	近景	主持人做开场介绍并说明探店的目的	亲爱的小伙伴们，五一假期你准备去哪吃？跟着我，带你去吃好吃的美食！	8秒	欢快的背景音乐	无
2	特写	拍摄火锅沸腾的画面	第1道菜是纯正的四川火锅，又麻又辣，看这颜色，我真是太爱了！毛肚至少烫4份！	10秒	无	火锅的介绍
3	特写	拍摄烧烤时冒烟的画面	第2道菜是大排档的烧烤，哇，好香啊，这孜然味，吃个一百串没问题！	10秒	无	烧烤的介绍

图1-5

1.3 短视频的拍摄

本节将进入短视频拍摄的基础知识学习阶段，内容包括曝光理论、景别、基础的运镜方法和构图方法。

1.3.1 拍摄中的曝光理论

简单来说，曝光就是相机的成像过程。不同的光线在被相机接收时会对画面产生不同的影响，而画面的曝光主要取决于快门、光圈、感光度这3个因素。

1.快门

相机中控制光线对感光元件照射时长的装置就是快门，它通过控制光线照射的时间长短来控制进光量的多少。快门速度的表达方式为几分之一秒，如1/2秒。如果光圈和感光度不变，快门速度越快，进光量越少，画面越暗；快门速度越慢，进光量越多，画面越亮。换句话说，就是快门速度越快，曝光度越低；快门速度越慢，曝光度越高。

快门速度的快慢决定了曝光时间的长短，因此，如果想要抓拍一些高速运动的物体，例如飞鸟、奔跑的人或动物等，就需要使用较快的快门速度；如果想要拍摄一些物体的运动轨迹，例如车流的运动轨迹、流星划过天空的轨迹等，就需要使用较慢的快门速度，如图1-6所示。

图1-6

2.光圈

光圈是一个用来控制透过镜头进入机身内的光量的装置，通常在镜头内。表达光圈大小通常用f数表示，又称光圈值，记作f/。光圈大小与f数大小成反比，大光圈的镜头f数小，小光圈的镜头f数大。光圈值通常有f/1.0、f/1.4、f/2.0、f/4.0、f/5.6、f/8.0等。

快门速度不变，光圈越大，进光量越多，画面越亮。同时，光圈还影响景深效果，光圈越大，景深效果越强，即背景越模糊。通常我们会使用大光圈来拍摄人像、花朵等希望着重突出物体，使用小光圈来拍摄风景等希望弱化表现场景，如图1-7所示。

图1-7

3.感光度（ISO）

感光度是指画面对光的灵敏程度。该值越高，画面越亮；该值越低，画面越暗。同时还需要注意，该值越高，画面中的噪点越多；该值越低，画面的噪点越少。因此，低感光度通常用于拍摄白天的户外场景，高感光度通常用于拍摄夜景。

1.3.2 什么是景别

景别就是被拍摄物体在画面中所呈现的范围大小，通常将其分为5种，分别是远景、全景、中景、近景和特写。

1.远景

远景通常用来表现某个地点的全貌，以此介绍环境特征或展示被拍摄主体和环境之间的关系。在对人物进行远景拍摄时，画面中的人物一般比较小，因此远景一般用于烘托氛围和表达情感，如图1-8所示。

图1-8

2.全景

全景展示的一般是人物的整体，以此来表现人物的全身，以及记录整体的动作，主要用于阐述人物和环境之间的关系，如图1-9所示。

3.中景

中景常常用于叙事，重点在于表现人物的上身动作，会在一定程度上忽略背景的作用而强调人物在画面中的地位。用中景可以更好地表现人物的身份、动机、作用和目的等，如图1-10所示。

图1-9

图1-10

4.近景

近景通常聚焦于人物能够清楚地表达动作的部位，可以表现人物的表情、情绪等状态，以此刻画人物性格，如图1-11所示。

5.特写

特写主要表现拍摄对象的具体部位或某一事物细节，例如用眼神、表情等表达人物情绪及暗示、强调物体作为线索，可以给观众留下深刻的印象，如图1-12所示。

图1-11

图1-12

1.3.3 基础运镜方法

在短视频拍摄的过程中，镜头是传达和表达信息的基础。掌握以下5种基础运镜方法，可以避免没有原则地乱拍，从而提升短视频的整体质量。

1.推镜头与拉镜头

推镜头与拉镜头是最基础的拍摄运镜方法，是指通过移动摄像机将镜头向被拍摄主体推近或拉远，一般用于突出主体或交代被拍摄主体和环境之间的关系。

推镜头指的是画面从大景别向小景别变化的运镜方法，可以通过缩短镜头与被拍摄主体的距离，也可以通过改变镜头的焦距（即从短焦转为长焦）来实现推镜头效果，如图1-13所示。拉镜头与推镜头相反，指的是画面从小景别向大景别变化，拉镜头可以通过加大镜头与被拍摄主体的距离或改变镜头的焦距（即由长焦转变为短焦）来实现拉镜头效果。

图1-13

2.横向移动镜头

横向移动镜头又称为横移镜头，往往指摄像机的镜头相对被拍摄主体进行平行的移动，被拍摄主体也可以跟随镜头运动。这一运镜方法可以突出主体在环境中的位置，也可以突出主体的运动状态，如图1-14所示。

图1-14

3.摇镜头

摇镜头是指摄像机位置不变，通过镜头的左右或上下移动来改变拍摄的角度，就像人眼看东西的效果，因此容易使观众带入视频中。这一运镜方法可以模拟人的主观视点，如图1-15所示。

图1-15

4.升降镜头

升降镜头是指改变摄像机的物理位置，使摄像机在某一位置进行垂直运动，可以是从上往下运动，也可以是从下往上运动。例如，可以使用从上往下移动的镜头来带出短视频中的出场人物，对人物进行介绍，如图1-16所示。也可以使用从下往上移动的镜头，将视角从人物身上移开来结束整个短视频。

图1-16

5.跟随镜头

跟随镜头往往指镜头跟随着被拍摄主体运动的一种运镜方式，需要摄像师带着摄像机跟随主体运动。这一运镜方法可以让观众的注意力聚焦于被拍摄主体，也可以让观众有更深的临场感与真实感，如图1-17所示。

图1-17

1.3.4 基本构图方法

在日常拍摄中，如果将被拍摄物体置于凌乱的画面中，不但会影响美感，而且会使观众的注意力无法集中到主体上。因此，学会基础的7种构图方法是提升短视频美感非常重要的一步。

1.九宫格构图法

此构图法是较常见的构图方法，无论是手机还是相机，几乎都自带九宫格构图线。在九宫格构图中，线条将画面分为9个格子，被拍摄主体应置于中心格子的4个角点附近，这样就符合"黄金分割定律"，可以将其安排到最佳拍摄位置，如图1-18所示。

图1-18

2.对称构图法

对称构图可以给观众一种稳定、干净、简单的感觉，特别适合拍摄风景、人物。使用此构图方法时，只需要保证画面中的大部分物体是对称的——垂直对称或水平对称都可以，如图1-19所示。

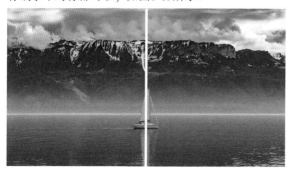

图1-19

3.中心构图法

中心构图是最简单也最实用的一种构图方法，合理利用该方法可以拍摄出非常好看的画面。使用此构图法时，只需要将被拍摄主体置于画面的中心即可，如图1-20所示。

图1-20

4.对角线构图法

对角线构图也是常用到的一种构图方法，需要找到被拍摄物体与对角线的关系，然后利用画面的对角线对其进行分割。对角线构图可以给人一种延伸的美感，同时也可以增强画面的立体感，如图1-21所示。

图1-21

5.留白构图法

留白构图很容易给人一种文艺感，通过在画面中大量留白，减小被拍摄物体的占比，营造一种"空气感"，这一类构图方法适合拍摄风景、旅行等短视频，如图1-22所示。

图1-22

6.前景构图法

前景构图就是在拍摄的镜头前安排一个物体或人物，然后对其进行虚化，这样拍摄的画面会更有层次感，如图1-23所示。

图1-23

7.引导线构图法

引导线构图往往使用线条对视线进行引导，以突出画面的纵深感，常常用于公路、建筑等场景，如图1-24所示。

图1-24

1.4 掌握镜头语言

镜头语言的作用就是利用镜头来讲故事。掌握好镜头语言，就可以更加清楚、明了地讲述故事。同时，镜头语言还关系到所拍摄的短视频的整体节奏，因此我们需要特别注意正确使用镜头语言。

1.4.1 如何增强镜头故事性

在拍摄故事类视频时需要注意人物的动作和反应两个概念。人物的动作指的是某人正在做什么样的动作，人物的反应指的是其他相关人物对此有何反应。这两个关键点对讲述故事、组建逻辑有至关重要的作用。这两点是有内在逻辑联系的，如果没有向观众展示这两点，观众可能无法理解镜头想要表达什么。因此，人物的动作和反应是拍摄故事类短视频时一定要注意的两点。

例如想要拍摄两个人的分离，女主角放开男主角的手，然后含着眼泪跑开。在没有上下文时，观众难以理解男女主角究竟发生了什么事情，但至少可以从这一镜头中感受到两个人的不快情绪，也可以从女主角伤心逃离的动作中了解到两个人分开了。通俗地讲，拍摄时长较长的故事类短视频，其实就是将多个这样的镜头进行组合，增强镜头的故事性，从而在一定程度上增强短视频讲故事的能力。

1.4.2 怎样正确匹配镜头

人在观看画面时，眼睛的注意力一般只集中在一个地方，而一块屏幕是可以被分为多个区域的，如果被拍摄主体在画面中的位置不断移动，镜头就会显得混乱和跳跃，此时就需要正确匹配镜头。例如在镜头1中，人物在画面的左侧，此时切换到镜头2，人物仍应位于镜头左侧，如图1-25所示。

如果将人物置于画面中错误的位置，就会打破镜头的连贯性，从而造成观众注意力分散，也不利于提升整体的镜头美感，如图1-26所示。

图1-25 图1-26

同样的理论也适用于运动中的画面，例如人物在镜头中从左往右走，那么在下一个镜头中就需要保证人物的移动方向仍旧往镜头的右侧移动，如图1-27所示。

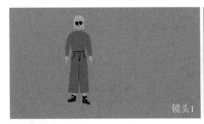

图1-27

1.5 掌握短视频的节奏

良好的叙事节奏可以让整个短视频更加流畅，同时不会让短视频显得轻重不分，能抓住每个故事重点。良好的节奏也不会让整段短视频显得枯燥无味。因此，掌握短视频节奏可以让我们的故事变得更有逻辑性、更加有趣。

1.5.1 前期拍摄技巧

为了衔接两段不同的场景，使其顺畅地过渡，通常会使用转场。不同类型的短视频应选择合适的转场，这样才能制作出流畅、完整的短视频。如果过渡很生硬，就会显得剧情和节奏异常突兀。转场可以分为两类：一类是技巧性转场，另一类是无技巧性转场。技巧性转场指在软件中通过使用各种特效来制作转场效果，目前大多应用于在短视频平台等强调"炫酷"的视频中，而现在的电影很少使用技巧性转场来进行画面切换；无技巧性转场主要是通过拍摄手法来进行场景和场景之间的切换，适用于故事类、情节类短视频，接下来讲解常见的无技巧性转场。

1.相似性素材结合转场

相似性素材结合转场主要是通过两个场景之间的相似性来进行过渡。例如在场景A中结尾部分的物体形状、位置及运动方向和场景B中的物体高度相似，那么就可以通过相似的场景来进行平滑地切换，如图1-28所示。

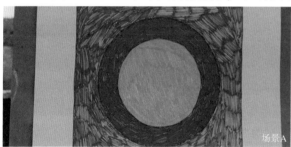

图1-28

2.逻辑转场

逻辑转场就是让场景A与场景B之间的切换具有因果、并列或递进等逻辑关系，这样的转场可以使过渡更加合理、画面更具有戏剧性，如图1-29所示。

图1-29

3.遮挡转场

遮挡转场主要是利用遮挡物体实现两个镜头之间的切换。例如，在场景A的镜头移动到一处遮挡物直至完全挡住镜头后形成黑色画面，然后切换到被遮挡的场景B，再逐渐移除遮挡物，如图1-30所示。

场景A　　　　　　　　　　　场景A　　　　　　　　　　黑色画面　　　　　　　　　　场景B

图1-30

4.空镜头转场

空镜头转场主要是使用与场景切换相关的空镜来实现转场，例如拍摄飞机起飞的画面来暗示两个地点的切换或一段剧情的结束。空镜头转场可以渲染气氛、预示故事情节等，同时可以表现事件发生的地点、时间等变化。

5.声音转场

声音转场可以利用在场景A中插入场景B的声音来预先渲染场景B的气氛，以此过渡到场景B，声音转场可以引出故事的发展情节。除了可以让声音提前进入，还可以让声音拖延到下一场景，用于自然地过渡到下一段落。

> **技巧提示：什么是蒙太奇**
>
> 蒙太奇（Montage）一词来自法语的建筑学术语，原意为构成、装配，后来被电影行业借用，表示"剪接"的意思。当不同镜头拼接在一起时，往往会产生单个镜头不具有的特定含义。采用这种方法写作的方式也叫蒙太奇手法。在涂料、涂装行业，蒙太奇也具有自由式涂装的含义，是一种独树一帜的艺术手法。

1.5.2 音乐的使用

音乐在短视频中有着非常重要的作用，音乐不仅可以让短视频变得不那么枯燥，还可以起到渲染氛围、烘托环境等作用。但是并非所有情况都适合使用音乐，因此在短视频制作的过程中通常需要根据情景分类来使用对应的音乐。

1.对话情景

通常在对话时是不使用背景音乐的，因为对话时需要清楚地听到两个人物之间的对话信息，此时要尽量减少干扰对话的声音。当然为了突显短视频的节奏，可以为一些画面加入引导性的音乐。

2.空镜情景

将大量空镜组合在一段短视频中时，由于空镜和空镜之间可能会有不同的声音，如果直接使用空镜原有的声音，容易形成一种突兀的切换效果，因此可以使用一些符合画面内容的背景音乐来保证整个短视频的连续性。例如，在比较平静的画面中，可以使用一些较为舒缓的音乐；在一些激烈的运动画面中，可以使用一些积极的、快节奏的音乐。

3.宣传片配乐

宣传片配乐主要用于体现整个短视频的基调，突出产品的调性和企业形象。为了吸引观众注意，宣传片通常会采用一些震撼、大气、磅礴的配乐。同时还需要注意，宣传片的配乐不能盖过视频中人声的音量。

4.影视配乐

影视配乐多以纯音乐为主，音乐类型与影片类型直接相关。例如，科幻片喜欢使用比较空灵、大气的音乐，喜剧片喜欢使用轻快的音乐，悲剧会使用比较伤感的音乐。此外，还可以使用一些快节奏的音乐来渲染紧张的气氛，这对推进影片情节有着至关重要的作用。

5.音效

添加音效也是为短视频增色必不可少的方法，在很多比较热门的短视频领域，如生活类短视频，就经常会用到音效，例如一些动物的音效，或者生活中的短信提醒、UI提示等音效。音效可以为短视频增添趣味，避免短视频沉闷、无聊。

1.6 选用制作软件

用来制作短视频的软件很多，每一个都有其优点，但对一般的短视频制作者来说，Premiere是不二之选，它也是使用最广泛的视频制作软件之一。Premiere集视频剪辑、视频调色和字幕制作等功能于一身，能够完成视频的一站式编辑、制作，并且能够满足创作高质量作品的需求。

1.6.1 什么是Premiere

Premiere即Adobe Premiere，简称Pr，是Adobe公司开发的一款主要用于视频编辑的非线性编辑软件。目前常用的版本有CC 2019版本、2020版本及2021版本。由于便捷的操作和极强的兼容性，并且能与Adobe公司开发的其他软件相互协作，因此Premiere常被用于广告制作和电视节目制作，是视频编辑和创作不可缺少的工具。

Premiere可用于Mac系统和Windows系统，虽然平台不同，但操作方式并无二致。Mac系统与Windows系统的区别在于Mac系统更稳定、不易崩溃，对大分辨率素材支持更好；Windows系统对插件的支持则更好，拥有更多后期插件，兼容性比Mac系统更强，更适合后期处理、特效制作。

技术专题：什么是线性编辑与非线性编辑

读者不需要掌握过于深奥的理论，只需知道线性编辑是一种以磁带形式存在的编辑方式，通过组合编辑，将素材有顺序地编辑成新的连续画面。线性编辑可以很好地保护初始素材，能多次使用，可以迅速而准确地找到最适当的编辑点，编辑后可以立即看到效果，但线性编辑上手难度大、操作较复杂，且设备昂贵，对视频剪辑的初学者来说不够友好，线性编辑设备如图1-31所示。

因此，目前使用的剪辑软件一般都是非线性编辑软件。非线性编辑将拍摄素材数字化后导入计算机中，可以随意插入、删除、剪辑画面，剪辑时是一种非线性的顺序，上手较简单。

两种编辑方式各有各的优点，并不能明确说到底谁好谁坏。对本书读者来说，非线性编辑是最合适的方式。

图1-31

1.6.2 Premiere的应用场景

近年来，随着互联网自媒体和短视频的飞速发展，Premiere的应用场景也逐渐丰富，不再局限于广告的制作或电视节目的制作，逐渐被更多的用户群体使用，尤其是为短视频创作者们创作高质量的短视频提供了非常大的帮助。下面举几个简单的例子，让读者对Premiere的应用场景有一个更直观的了解。

1.广告宣传片

这种类型的短视频应用得非常广泛，在任何需要进行宣传的地方都可以使用，起到很好的营销作用。使用Premiere可以制作出非常专业的广告宣传片，如图1-32所示。

图1-32

2.抖音等短视频平台的短视频制作

短视频的质量直接影响短视频对观众的吸引程度，虽然目前短视频领域创作者众多，但是能够同时掌握前期制作与后期技术的人并不多。学习Premiere可以帮助短视频创作者更好地表达自己的想法，也可以让短视频创作者学习到制作短视频的技巧与要点，增加短视频的播放量、增长粉丝数量并提高收入，如图1-33所示。

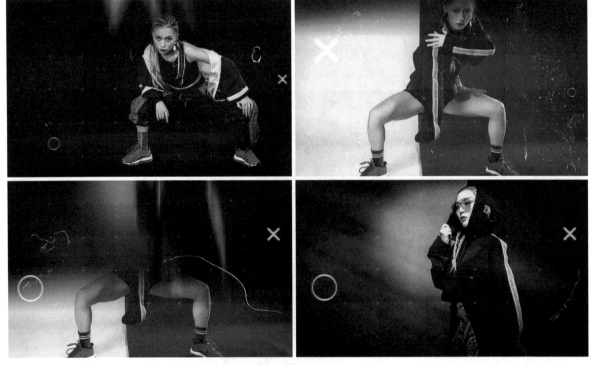

图1-33

3.访谈类的节目剪辑

访谈类节目更多用于表现比较严肃的话题，如学术、商业和艺术等领域的话题。学习Premiere可以掌握制作访谈类节目的技巧，如进行多机位剪辑，也可以使用Premiere中的多种工具来制作栏目包装。

4.自媒体视频

如果想制作较长的视频，在内容深度和质量上就需要有进一步的提升，学习Premiere也是必不可少的。对长视频来说，专业性的剪辑软件显得更加重要。如果要做内容的持续输出，在某个领域深耕，学习Premiere是基础。笔者认为目前我国的自媒体视频行业发展空间仍旧很大，收入也颇为可观，在这个领域深耕是可以做出品牌的。

5.专业剪辑工作者

如果想成为专业的剪辑工作者，学习Premiere则是第一步，学会Premiere会对剪辑的思路、场景的过渡、后期的制作有更加深入的理解。只要熟练地掌握剪辑方法，并且能够在实际制作中加以应用，就具备了成为一名优秀的剪辑师的基本条件，剪辑师是一个发展空间巨大的职业。

6.娱乐节目制作

电视综艺和网络综艺很受观众欢迎，而且近些年随着自媒体的发展，自己制作娱乐节目成为可能。剪辑和后期在娱乐节目中起到提示观众、营造气氛的重要作用，后期制作的质量很大程度上会影响节目的整体质量。因此，学会使用Premiere剪辑素材和制作后期是制作娱乐节目的必备技能，如图1-34所示。

7.个人家庭视频制作（旅行、DV等）

如果读者是一个热爱生活的人，喜欢用影像记录自己和家庭的精彩时刻，那么只需要了解Premiere的基本功能就可以制作一些属于自己的珍贵影像，为生活增添更多的乐趣，如图1-35所示。

图1-34

图1-35

1.6.3 为什么要学习Premiere

一方面，学习Premiere并将其作为一项个人技能，能为生活与工作带来帮助。另一方面，Premiere学习门槛低，网络资源与素材多，对于刚刚接触视频制作的新手是非常合适的。由于Adobe系列软件之间的协作性，学习

Premiere可以在一定程度上帮助读者学习Adobe系列的其他软件，如Photoshop和After Effects，甚至非Adobe系列的剪辑软件，因为它们与Premiere也有一定的互通性。因此，学习Premiere不仅是学习这款软件的使用方法，更是在学习剪辑的流程、通用的操作等。通过一段时间的学习，不仅可以掌握一款软件，还可以培养一定的剪辑和制作视频的思维，从而达到一举多得、事半功倍的效果。

从工作上来看，学习Premiere可以拥有更多的职业选择，可以进入影视领域、自媒体领域相关行业，也可以进入需要进行对外宣传的行业。目前不少企业都要求应聘者能够熟练地使用Premiere，因此熟练地掌握Premiere无疑可以帮助读者更好地就业。除了硬性的要求之外，学会Premiere还可以帮助我们在工作、学习之余承接一些视频制作的商业订单，增加收入。

1.7 了解视频基本信息

视频基本信息包括但不限于视频格式、视频帧率和视频分辨率等。掌握视频基本信息不仅能帮助我们判断和制作对应的短视频，而且能帮助我们筛选素材、统一文件格式，避免出现短视频无法播放等问题。

1.7.1 视频编码方式与视频格式

视频编码方式是指通过特定的压缩技术，将某个格式的视频文件转换成另一种格式的视频文件。在学习短视频的剪辑与制作前必须具备一定的基础知识，这些基础知识虽然并不特别复杂深奥，但是贯穿整个短视频创作的过程。首先必须掌握的基础知识非视频编码格式莫属，如图1-36所示。

现在有很多方法可以转换原有素材的格式，可以下载专业的格式转换类软件，也可以将素材导入Premiere中再导出为另一种格式。以上两种方法都可以对视频格式进行转换，其复杂性也会因软件的专业程度不同而不同，但总体来说，这两种方式都不难操作。读者需要知道经常使用的是何种视频编码格式，对视频质量影响最小的是哪种，什么样的视频编码格式体积最小，既要保证视频质量又不想视频体积太大时怎么办，这些问题会在这一小节得到解答。

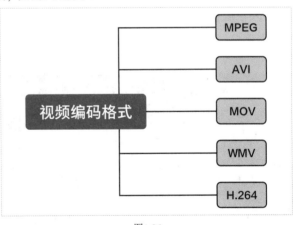

图1-36

技术专题：

视频编/解码器是一个能够对数字视频进行压缩或者解压缩的程序或设备，它决定一段视频是否能够正常地播放。在Premiere中一般使用默认的编/解码器，这样可以确保视频在大多数设备上都能够播放。如果涉及特殊的视频要求，根据实际情况进行更改后，可能需要特殊的编/解码器才能够播放，如图1-37所示。

图1-37

1.MPEG

该格式的中文名称为"动态图像专家组"，MPEG（Moving Picture Experts Group）原本是指ISO与IEC在1988年成立的专门针对运动图像和语音压缩制定国际标准的组织，后成为格式名称。 MPEG-4是其中一种编码标准，是运动图像压缩算法的国际标准。MPEG格式标准主要有MPEG-1、MPEG-2、MPEG-4、MPEG-7和MPEG-21，VCD和DVD就采用这种格式。需要注意的是，MPEG不等于MP4，MP4是MPEG的一种，即采用MPEG编码的视频格式。可以用这样一种压缩方式使较小的文件具有较高的图像质量，因此MP4成为较常用的视频格式。

> **技巧提示：MPEG格式的运用方向**
>
> MPEG-1主要应用在VCD上，MPEG-2主要应用在DVD上，而MPEG-4则多应用在手机视频上。视频的格式根据需求进行设置即可。在Premiere中，可以在导出视频的时候，在"格式"下拉列表框中看到MPEG相关格式，如图1-38所示。

图1-38

2.AVI

该格式的英文全称为Audio Video Interleaved，是一种比较常见的视频格式。AVI格式于1992年推出，具有较好的兼容性，不仅可以在Windows系统的平台播放，还可以跨多个平台使用，同时在DVD和VCD上也有比较广泛的应用。

AVI格式的优点是具有较高的压缩能力，音频保真度高，缺点是视频大小会随压缩程度变化，压缩程度高视频质量低，压缩程度低视频质量高（但是视频会非常庞大）。 AVI格式是一种有损压缩格式，采用这种格式压缩的视频质量会有不同程度的损失，如图1-39所示。

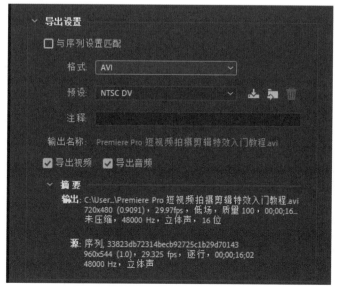

图1-39

3.MOV

MOV即QuickTime影片格式，是由苹果公司推出的一种视频、音频文件格式。在Premiere中要导出MOV格式的视频，需要在"格式"下拉列表框中选择"QuickTime"选项，如图1-40所示。MOV格式与AVI格式一样，都有跨平台的播放优势，但MOV格式相较于AVI视频格式来说视频画面的质量更高一点，而且MOV格式还经常被用于保存带透明通道的视频（即视频中有透明的背景）。因此，现在越来越多的人选择使用MOV格式来储存视频文件，以获得较高的视频质量。

> **技巧提示：文件大小的重要性**
>
> 需要注意的是，MOV格式文件的体积较大。权衡视频大小与视频质量的关系非常重要，MOV格式的视频质量高，同时占用内存较多，适用于保存拍摄的文件，也适用于视频剪辑，但如果用于多设备播放的视频文件，过大的视频会影响播放的效率。因此，如果想要获得更高的视频质量且对视频大小要求不高，MOV格式是一个很好的选择。

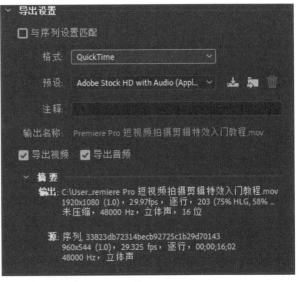

图1-40

4.WMV

WMV英文全称为Windows Media Video，是微软公司开发的一系列视频编码和与其相关的视频编码格式的统称，是Windows系统媒体框架的一部分，如图1-41所示。其主要优点是支持本地或网络回放，是一种可扩充的、可伸缩的媒体类型，具有多语言支持、环境独立性、丰富的流间关系及扩展性等特点，WMV格式是在ASF格式基础上升级延伸而来，可以做到在同等视频质量下大小更小，更加适合在网上播放和传输。其主要缺点是比较依赖Windows系统，在某些平台上有时候会出现无法播放的问题。

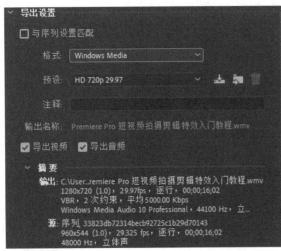

图1-41

5.H.264

H.264是MPEG的一种压缩视频编码标准，是继MPEG-4之后的又一代数字视频压缩格式，也是个人视频创作者经常使用的一种格式。它可以在压缩视频大小的同时，保持较好的视频画面质量，可以基本满足个人视频创作者的需求，且文件小，易于传输、保存。在Premiere中，H.264格式可以更快地导出视频，导出后可以得到一个扩展名为".mp4"的视频文件，具备很强的兼容性和适应性，可以在多个平台播放，如图1-42所示。

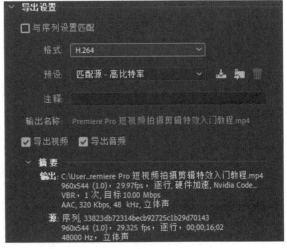

图1-42

6.蓝光和非蓝光

蓝光，也称为蓝光光碟，英文全称为Blu-ray Disc，缩写为BD。它是继DVD之后的高画质影音储存光盘媒体格式（可支持Full HD影像与高音质规格），蓝光视频最低分辨率为1080p，而非蓝光视频可以支持各种分辨率。蓝光视频观看效果较好，如果要刻录蓝光光碟需要有对应的设备，同时要确保原视频分辨率达到1080p才可制作蓝光格式视频。对个人制作者而言，蓝光格式视频并不会经常用到。

1.7.2 视频分辨率

生活中我们经常会接触到视频分辨率，在视频网站观看电影时可以选择清晰度为1080P或4K，用手机、相机拍视频时也可以选择视频分辨率为1080P或720P，这些其实都是视频分辨率。视频分辨率怎样影响视频效果呢？选择什么样的分辨率最好？视频分辨率是越高越好吗？本小节就来认识一下视频分辨率。

1.认识视频分辨率

分辨率是用于度量图像内像素多少的一个参数，例如1920px×1080px的分辨率表示横向和纵向上的像素分别为1920px和1080px。因此可以认为横向与纵向上的像素越多，显示的精细度就越高，在大屏幕上播放效果就越清晰；相反则显示的精细度越低，有效像素就越少，在越大的屏幕上播放效果就越模糊。当分别设置同一视频的分辨率为720px×480px和1920px×1080px时，可以明显看出分辨率高的视频更清晰，如图1-43所示。

图1-43

同时也需要注意，如果视频素材本身只有720P（P表示逐行扫描），即使在Premiere中设置分辨率为1080P，最终也无法得到1080P或大于其本身分辨率的效果。但是如果拍摄的视频素材本身是4K的，则可以利用Premiere修改其分辨率为小于4K的1080P或720P等。也就是说，分辨率的修改只能由高分辨率改为低分辨率，具体修改取决于素材本身的分辨率。

> **技巧提示：选择正确的分辨率**
>
> 视频分辨率越高，视频越清晰，视频文件也越大。因此在前期拍摄时，需要根据实际情况设置素材的分辨率，便于后期修改或节约储存空间。在不同拍摄设备上使用相同的分辨率进行拍摄，最终的视频效果也有差别，这取决于拍摄硬件的支持。

2.常见的视频分辨率

对初学视频剪辑制作的读者来说，有的读者只追求高清晰度，没有考虑到视频的实际用途，有时候可能会导致不必要的错误发生。视频分辨率的设置需要根据实际情况而定，在前期拍摄时需要考虑后期的制作要求。按照目前的标准，320P的视频已经不常用，一般将480P（640px×480px）称为标清或流畅，720P（1280px×720px）称为高清，1080P（1920px×1080px）称为超清。目前，视频网站基本都支持清晰度切换，因此在播放视频时可以选择1080P（1920px×1080px）的分辨率，视频网站会自动生成标清（流畅）和高清的视频。如果对视频有更高的要求，而且素材也可以达到相应的标准，4K分辨率也是一种不错的选择。4K作为一种超高清分辨率，是需要硬件支持才能够播放的，也就是说必须在支持4K的显示器上才能显示出相应的效果。1080P和4K分辨率的大小对比如图1-44所示。

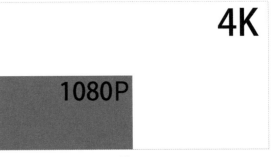

图1-44

技术专题：1080P和1080i的区别在哪里

以"HDV 1080P 30"和"HDV 1080i 30(60i)"的预设为例，1080P的场为无场（逐行扫描），而1080i的场为高场优先，可以看到它们的具体信息如图1-45所示。

视频设置
帧大小: 1440h 1080v (1.3333)
帧速率: 29.97 帧/秒
像素长宽比: HD 变形 1080 (1.333)
场: 无场（逐行扫描）

视频设置
帧大小: 1440h 1080v (1.3333)
帧速率: 29.97 帧/秒
像素长宽比: HD 变形 1080 (1.333)
场: 高场优先

图1-45

可以发现这两种预设的主要差别在"场"这一项上，由于技术和行业的发展，现在基本上已经不需要特别关注"场"的问题了。简单来说，播放电视的视频设备上都是默认带"场"的，虽然电视也可以播放无场的视频图像，但是在一些特殊的画面中（例如在物体运动迅速时），无场的图像会产生跳帧现象。

隔行扫描把每一帧分割为两场，一场包含一帧中所有的奇数扫描行，另一场包含一帧中所有的偶数扫描行。普遍情况下是先扫描奇数行得到第一场，然后扫描偶数行得到第二场。如果屏幕的内容是横条纹，画面上就会出现条纹的显示效果。

而逐行扫描即每次显示整个扫描帧，如果逐行扫描的帧率和隔行扫描的场率相同，人眼将看到比隔行扫描更平滑的图像，每一帧图像均是由电子束按顺序一行接着一行连续扫描而成，这种扫描方式称为逐行扫描，是常用的扫描方式。逐行扫描和隔行扫描的示意图如图1-46所示，逐行扫描的效果如图1-47所示。

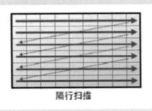

图1-46　　　　　　　　　　　　　　图1-47

3.有损压缩和无损压缩

计算机中储存文件的空间是有限的，为了让储存设备能够储存更多的文件，需要经常整理有限的空间或想办法减小文件大小，压缩就是一种减小文件大小的方法。那么什么是有损压缩，什么是无损压缩呢？其实这两个概念非常容易理解。

有损压缩顾名思义是利用人类对图像或声波中的某些频率成分不敏感的特性，在压缩过程中允许损失一定的信息。虽然不能完全恢复原始数据，但是损失的部分对理解原始图像的影响较小，却换来了更大的压缩比。如前面讲过的H.264是一种常用的有损压缩的视频格式，在保证一定的视频质量的前提下，可以有效减小文件大小。

无损压缩是一种可完全恢复原始数据却不引起任何失真，压缩率受到数据统计冗余度的理论限制的一种压缩方式。它的优势在于没有任何信号丢失、音质高、转换方便，缺点则是占用空间大、硬件支持差等。因此，无损压缩在视频制作中基本不会用到，无损压缩更多用于音频制作，如熟知的FLAC格式，如图1-48所示。

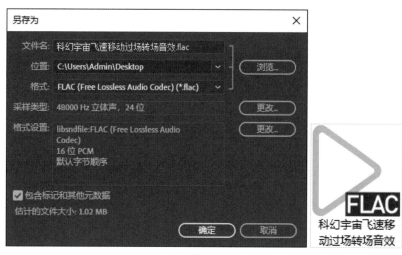

图1-48

1.7.3 帧率

经常玩游戏的读者对帧率肯定不陌生，在游戏中帧率越高则画面越流畅。可能有的读者不明白帧率到底是什么，应该如何设置，单纯地认为视频帧率越高越好。下面就为读者讲解这些知识。

1.认识帧率

帧率（Frame Rate）是以帧为单位的位图图像连续出现在显示器上的频率（速率）。要理解帧率的原理并不难，如果以1秒作为单位，1帧看作一张图片，1秒30帧即1秒钟的时间内出现30张照片，1秒2帧即1秒钟的时间内只出现2张图片。同一镜头下8帧/秒与4帧/秒的动作，效果分别如图1-49和图1-50所示，后者会产生画面不连贯的感觉。因此，1秒时间内连贯图片出现的次数越多，画面就越流畅。人的眼睛具有特殊的生理构造，当人眼看到的画面的帧率高于每秒10～12帧时，画面会被认为是连贯的，这种现象也被称为视觉暂留。

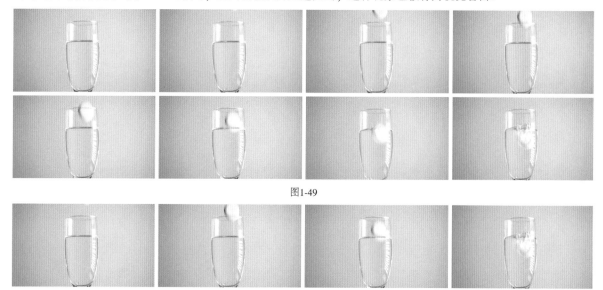

图1-49

图1-50

在视频制作中，帧率极为重要，如果帧率设置得不正确就会影响视觉效果。例如设置过低有可能造成视频画面不连贯，设置过高会造成无用帧的出现。为了避免出现这样的现象，就需要对常见帧率有一个基础的认识。

> **技巧提示：慢动作是什么**
>
> 慢动作就是使用高帧率来拍摄视频，然后再使用低帧率来播放视频。例如用120帧/秒拍摄后再用24帧/秒播放，视频速度就放慢为原来的1/5。

2.常见帧率

因为帧率也需要硬件配合，所以帧率越高，对计算机硬件的要求也越高。另外，帧率与分辨率一样只能由高改低，不能由低改高。在拍摄素材时，如果帧率为30帧/秒，是无法后期修改为高于30帧/秒的，如果前期素材帧率为60帧/秒，则可以在后期修改，使其低于60帧/秒。按照目前的标准，24帧/秒是电影帧速率的标准，因为较低的帧率可以捕捉到更多的运动模糊，让动作显得更加真实，25帧/秒或30帧/秒适用于电视拍摄和网络视频播放，120帧/秒或240帧/秒大多用于慢动作拍摄，读者根据自己的需求进行选择和设置即可，如图1-51所示。

图1-51

品尝

第 2 章

Premiere工作界面与基本操作

■ **学习目的**

　　从本章开始将正式进入 Premiere 软件学习部分。本章主要介绍 Premiere 的界面，帮助读者熟悉 Premiere 的操作面板，了解 Premiere 的操作流程。

■ **主要内容**

· 掌握项目文件操作　　　　　　　· 正确设置相关项目的参数

· 认识工作区并掌握各面板的功能　· 掌握常用的快捷键

美味

2.1 项目文件

在Premiere中创作一段新视频的第1步就是为这个视频创建一个项目文件，项目文件就是基于一个视频项目所创建的文件，创建项目文件后就可以随时打开这个项目进行编辑。

2.1.1 新建项目

方法1： 在欢迎页直接新建项目。打开Premiere后，在欢迎页左上角单击"新建项目"按钮 新建项目，如图2-1所示，出现"新建项目"对话框。

方法2： 使用菜单命令新建项目。在菜单栏中执行"文件>新建>项目"命令或按快捷键Ctrl＋Alt＋N新建项目，如图2-2所示。

图2-1

图2-2

2.1.2 "新建项目"设置

在打开的"新建项目"对话框中，可以对整个项目进行视频及音频的基础信息设置，如图2-3所示。

重要参数详解

◇ **名称：** 为此项目命名，建议根据项目特点来命名，便于后期查找。

◇ **位置：** 为此项目选择一个保存位置，建议选择储存空间较大的位置，同时要养成对项目文件夹进行命名、归档的好习惯。

◇ **浏览：** 单击"浏览"按钮 浏览，在弹出的对话框中选择目标文件夹，单击"选择文件夹"按钮 选择文件夹 即可生成项目的目标路径，如图2-4所示。

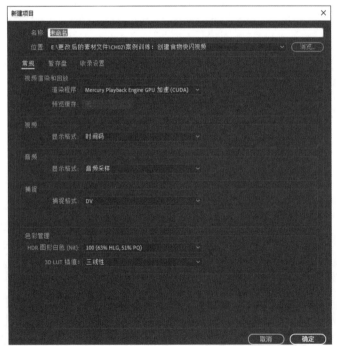

图2-3

图2-4

技巧提示：默认参数无须修改

无须更改其他参数，保持默认即可，单击"确定"按钮 确 定 ，即可新建一个项目，如图2-5所示。

图2-5

2.1.3 打开项目文件

在Premiere中，一共可以使用4种方法来打开项目文件。

1.在"最近使用项"直接打开项目

如果项目文件最近在Premiere中打开过，可以直接在欢迎页的"最近使用项"列表中单击打开，如图2-6所示。

2.在欢迎页打开项目

如果已经建立了项目并清楚项目保存在计算机中的位置，可以在欢迎页左侧单击"打开项目"按钮 打开项目 ，如图2-7所示。

在弹出的"打开项目"对话框中选择项目文件的位置，单击"打开"按钮 打开(O) 即可打开项目，如图2-8所示。

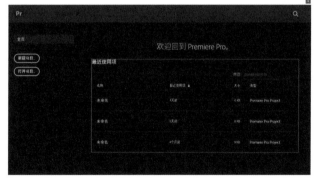

图2-6

图2-7

图2-8

技术专题： Premiere可以打开什么格式的项目文件

　　Premiere支持打开.prel、.prproj及.xml格式的文件，如图2-9所示。其中.prel和.prproj都是Premiere的项目文件格式，.xml文件一般指用可扩展标记语言编写的文件，在后面的学习中会涉及。

Adobe Premiere Pro 项目 (*.prel, *.prproj, *.xml)

图2-9

3.在菜单栏打开项目

　　在菜单栏中执行"文件＞打开项目"命令或按快捷键Ctrl＋O，在弹出的对话框中选择项目位置，即可打开项目，如图2-10所示。

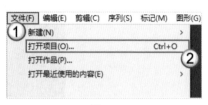

图2-10

4.在菜单栏打开最近使用的项目

　　在菜单栏中执行"文件＞打开最近使用的内容"命令，在右侧出现的文件列表中选择项目文件，即可打开项目，如图2-11所示。

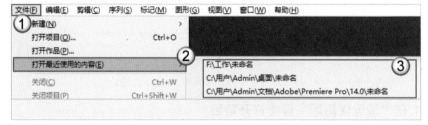

图2-11

2.1.4 保存项目文件

　　在Premiere中进行一个项目的制作时，可以在未完成或已完成的状态下保存整个项目及其所有设置为一个项目文件，便于后期进行修改。

1.保存

　　在菜单栏中执行"文件＞保存"命令或按快捷键Ctrl＋S，即可保存项目文件，如图2-12所示。

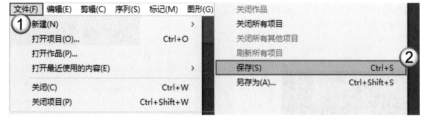

图2-12

技巧提示： 保存的重要性

　　由于使用Premiere剪辑视频对计算机性能要求比较高，再加上任何软件都不能保证完全稳定，因此在使用Premiere的过程中多多少少会遇到软件"崩溃"的问题。一旦软件崩溃且没有保存文件，制作的视频就很有可能丢失，为了防止出现这种情况，一定要经常保存文件，减少软件崩溃带来的损失。

2.另存

另存指的是将文件另外存储到一个新路径或以另一个名称保存，另存不会影响原来的文件。

在菜单栏中执行"文件>另存为"命令或按快捷键Shift＋Ctrl＋S，如图2-13所示。在弹出的"保存项目"对话框中修改文件名并选择保存文件的位置，"保存类型"选择默认格式，单击"保存"按钮 保存(S) 即可另存文件，如图2-14所示。

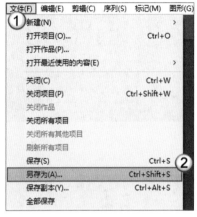

图2-13

图2-14

2.1.5 关闭项目文件

在Premiere中需要关闭项目文件时，可以在菜单栏中执行"文件>关闭项目"命令或按快捷键Ctrl＋Shift＋W来关闭项目，如图2-15所示。如果想关闭Premiere中的所有项目，可以在菜单栏中执行"文件>关闭所有项目"命令，如图2-16所示。

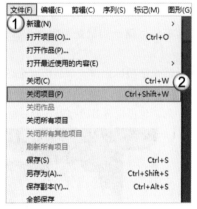

图2-15

图2-16

2.1.6 设置自动保存

在Premiere中，由于计算机硬件和软件本身的一些问题，可能会碰到软件"崩溃"的情况，使编辑中的任务丢失，为了减少这类情况发生，除了记得经常按快捷键Ctrl＋S进行保存之外，还可以使用软件中的自动保存功能。

在菜单栏中执行"编辑>首选项>自动保存"命令，如图2-17所示。在弹出的"首选项"对话框中根据实际情况进行相应设置，一般推荐将"自动保存时间间隔"设置为3～15分钟，设置完成后单击"确定"按钮  确定 ，如图2-18所示。

图2-17

图2-18

2.2 序列

了解Premiere的项目文件后即可正式进入剪辑功能的学习，首先需要认识的便是序列，序列是开始一个视频剪辑的基础。

2.2.1 什么是"序列"

要在Premiere中开始一段新的视频剪辑，第一步就是新建序列。想要新建序列，首先就要理解序列在Premiere中的作用。

在Premiere中有一种很形象的比喻，就是把项目比作一个超市（见图2-19），序列就是超市中的货架，素材就是货架上的商品，序列中没有任何素材，就好比超市里没有商品。所有拥有时间线的地方在项目中都有一个对应的序列，一个项目中可以只有一个序列，也可以有多个序列，最后组成一个总序列。

创建序列后，可以根据不同需求制作相应的视频。这就像超市中的货架上有对应的物品，摆放在各自的区域一样。在一个复杂的项目中分类别创建序列，可以很方便地修改各个部分的素材，提高剪辑和制作庞大项目的效率，这样可以在工作中达到事半功倍的效果。还可以将序列理解成Photoshop中的组和After Effects中的合成。

图2-19

在Premiere中新建序列有以下3种方法。

第1种: 从菜单栏新建序列。在菜单栏中执行"文件>新建>序列"命令或按快捷键Ctrl+N即可创建序列,如图2-20所示。

第2种: 在"项目"面板中新建序列。首先在Premiere界面中找到"项目"面板,然后在"项目"面板的空白处单击鼠标右键,在弹出的快捷菜单中执行"新建项目>序列"命令,如图2-21所示。

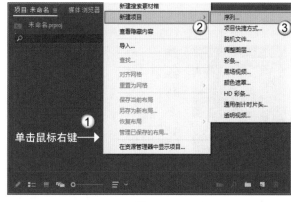

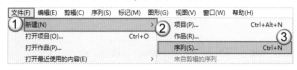

图2-20

图2-21

第3种: 拖曳素材,自动新建序列。在"项目"面板中选择一个素材,将其直接拖曳到时间轴上,Premiere会根据素材属性自动新建一个相应的序列,如图2-22所示。

图2-22

2.2.2 序列的设置方法

新建序列之后会弹出"新建序列"对话框,一般需要根据实际需求创建相应的序列,可以通过"序列预设"选项卡中的"可用预设"列表来挑选已经设置好的序列,如图2-23所示。也可以自定义序列,单击"序列预设"选项卡旁边的"设置"选项卡来设置序列的相关属性,如图2-24所示。

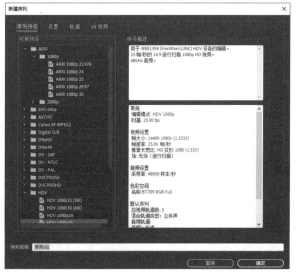

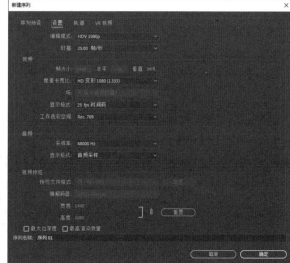

图2-23

图2-24

技巧提示：创建序列后如何修改参数

在"项目"面板中选择已经创建的序列后单击鼠标右键，在快捷菜单中执行"序列设置"命令，也可以执行"序列＞序列设置"命令，如图2-25所示。在打开的"序列设置"对话框中即可进行参数修改。

图2-25

为了在编辑视频的时候使序列更好地与视频匹配，同时发挥Premiere的最佳性能，优化计算机性能并减少渲染次数，需要了解序列设置的一些知识，以便更好地进行自定义设置。可以看到序列预设被分为"视频""音频""视频预览"3个部分，如图2-26所示。序列预设中需要了解"编辑模式""时基""帧大小""像素长宽比""采样率""视频预览"，接下来对序列预设中的6项重要设置逐一进行介绍。

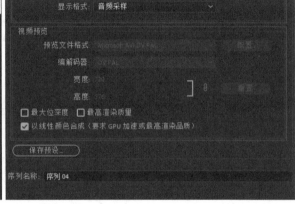

图2-26

1.编辑模式

可以把编辑模式理解成一个预设的序列参数，选择不同的编辑模式后，Premiere就会根据相应的编辑模式自动调整相应的序列参数。例如选择"HDV 1080P"选项后，软件就会调整相应的"帧大小"为"1440px×1080px"，调整"像素长宽比"为"HD变形1080（1.333）"，并调整视频预览的相应参数。如果要自行设置，可以在"编辑模式"下拉列表框中选择"自定义"选项，如图2-27所示。

图2-27

2.时基

时基就是帧速率，前面已经讲过帧率的概念，这里需要注意的是序列设置中的帧率应尽量保持与素材帧率相同。例如拍摄的视频是60帧/秒，在此就选择"60帧/秒"选项，如果素材帧率与序列中设置的帧率不匹配，如素材帧率大于设置的帧率，就会出现丢帧问题。

> **技巧提示：什么是丢帧**
>
> 视频为60帧/秒时，可以理解成1秒内有60张照片组成一个连续的画面。如果设置的帧率为30帧/秒，那么1秒内只显示30张照片组成的连续画面，这时就会丢失30张照片，这就是丢帧。如果在一些精细的视频中，丢失30帧就很有可能丢失一些重要的画面，所以需要根据实际需求设置时基大小。

3.帧大小

每帧画面的长和宽分别占多少像素，即画面的帧大小。一般情况图片或视频的像素数量越多，则清晰度越高，可以把它理解成前面所说的分辨率，帧大小也需要根据素材的大小或实际需求进行相应的设置。

> **技巧提示：帧大小与素材匹配**
>
> 需要注意，如果帧大小数值的设置比素材帧大小数值高，虽然不会改变原有素材的帧大小，但会影响在Premiere中添加的字幕等效果的精细度。帧大小数值越高，在Premiere中自动生成的字幕效果就越精细。同时这些效果精细度越高，渲染出的视频也就越大，所以需要根据实际需求设置帧大小。

4.像素长宽比

拍摄的图片、视频都是由一个一个像素点组成的，像素长宽比即像素点长与宽的比例。将图2-28放大到可以看到像素，会发现像素是一个个正方形，如图2-28所示。

如果将像素长宽比调整为2：1，如图2-29所示，那么这个视频画面的长宽比例就会发生改变，如图2-30所示。

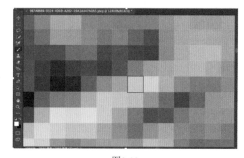

图2-28

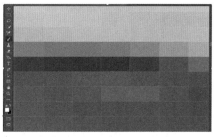

图2-29

图2-30

5.采样率

音频采样率指录音设备在1秒内对声音信号的采样次数，采样频率越高，声音的还原就越真实、自然。数字音频领域有以下7种常用的采样率，在Premiere中常使用44100Hz及48000Hz，读者可以根据素材和实际需求进行设置。

第1种： 8000Hz，电话使用的采样率，对于采集人说话的声音已经足够。

第2种： 11025Hz，AM调幅广播使用的采样率。

第3种： 22050Hz或24000Hz，FM调频广播使用的采样率。

第4种： 44100Hz，音频CD与MPEG-1音频（VCD、SVCD和MP3）使用的采样率。

第5种： 48000Hz，miniDV、数字电视、DVD、DAT、电影和专业音频使用的采样率。

第6种： 50000Hz，商用数字录音机使用的采样率。

第7种： 96000Hz或192000Hz，DVD-Audio、一些LPCMDVD音轨、BD-ROM（蓝光盘）音轨和HD-DVD（高清晰度DVD）音轨使用的采样率。

6.视频预览

视频预览主要根据计算机的实际情况进行设置。预览质量越低，对计算机的要求越低，预览质量越高，对计算机运行的要求越高，占用计算机资源也越多，此处根据个人需求进行设置即可。

案例训练：创建食物快闪视频

素材位置　素材文件＞CH02＞案例训练：创建食物快闪视频
实例位置　实例文件＞CH02＞案例训练：创建食物快闪视频
学习目标　掌握添加序列的方法

本案例训练的最终效果如图2-31所示。

图2-31

01 打开Premiere，在菜单栏中执行"文件＞新建＞项目"命令或按快捷键Ctrl＋Alt＋N新建一个项目，如图2-32所示。

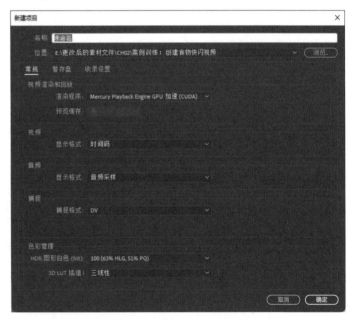

图2-32

02 新建一个总序列用于存放最终视频的效果，在菜单栏中执行"文件＞新建＞序列"命令或按快捷键Ctrl＋N新建序列，如图2-33所示。

图2-33

03 在"新建序列"对话框中单击"设置"选项卡，在"编辑模式"下拉列表框中选择"自定义"选项。设置"时基"为30.00帧/秒，"帧大小"为1920水平和1080垂直，"像素长宽比"为HD变形1080（1.333），"场"为"高场优先"，"显示格式"为30fps时间码，"采样率"为48000Hz，单击"确定"按钮 **确定** 完成创建，如图2-34所示。

04 在"项目"面板中选择"序列01"选项，再次单击名称即可为序列重命名，将序列命名为"总序列"，如图2-35所示。

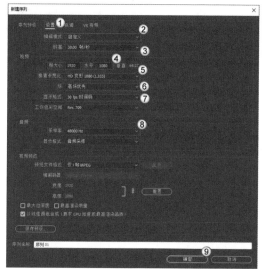

图2-34

图2-35

05 使用同样的方法新建序列，设置"帧大小"为400水平和1080垂直，在底部"序列名称"文本框中输入"次序列"，单击"确定"按钮 **确定** 完成创建，如图2-36所示。

06 在"项目"面板中双击"次序列"，然后将"素材文件＞CH02＞案例训练：创建食物快闪视频"中的"食物快闪2"拖曳到"时间轴"面板上，如图2-37所示。

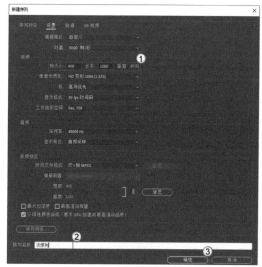

图2-36

图2-37

07 在"项目"面板中双击"总序列"，将"素材文件＞CH02＞案例训练：创建食物快闪视频"中的"食物快闪1"拖曳到"时间轴"面板上，如图2-38所示。

08 将"项目"面板中的"次序列"拖曳到总序列的"时间轴"面板中，完成两段视频的拼接，如图2-39所示。最终效果如图2-40所示。

图2-38

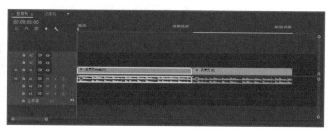

图2-39

图2-40

2.3 Premiere的工作界面

Premiere界面中有许多面板，面板的功能也不同。本节将对Premiere中的各个面板进行逐一的讲解，让读者清楚各个工作区的功能并能够较熟练地使用这些面板。

2.3.1 "项目"面板

默认情况下，"项目"面板位于界面的左下角，如图2-41所示。在"项目"面板的空白处中单击鼠标右键，弹出快捷菜单，其中包括"新建素材箱""新建项目""导入"等命令，通常用来存放素材或新建序列，如图2-42所示。

单击面板底部的"列表视图"按钮■可以切换项目显示方式为列表显示，同时显示项目的相关信息，如图2-43所示。单击"图标视图"按钮■可以切换项目显示方式为图标显示，如图2-44所示。单击"自由变换视图"按钮■可以切换项目显示方式为自由视图，拖曳右侧的滑块○━━━可以调节缩略图的大小，如图2-45所示。

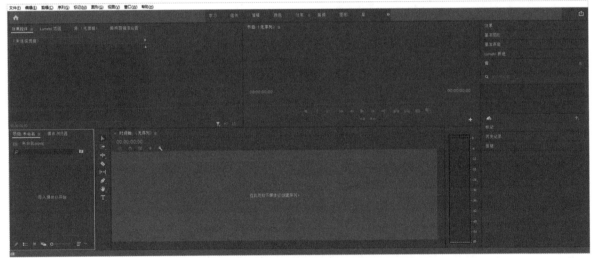

图2-41

图2-42

图2-43

图2-44　　　　　　　　　　　　　　　　　　　图2-45

单击面板右下角的"查找"按钮🔍或按快捷键Ctrl＋F，可以在弹出的"查找"对话框中搜索项目中的素材文件，如图2-46所示。单击"新建素材箱"按钮▢可以直接新建素材箱，单击"新建项"按钮▢可以直接新建各种项目，如图2-47所示。在"项目"面板中选择素材文件后，单击"清除"按钮▥即可删除素材，如图2-48所示。

图2-46

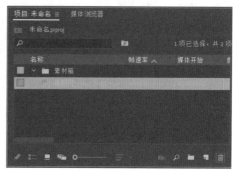

图2-47　　　　　　　　　　　　　　　　　　　图2-48

2.3.2 "源"/"节目"面板

监视器可用于对视频、音频进行预览，监视器的显示方法包括"双显示模式""多机位监视器模式"，"源"面板与"节目"面板共同组成双显示模式。

1.双显示模式

在"项目"面板中双击素材就可以激活上方的"源"面板，如图2-49所示。将素材拖曳至"时间轴"面板，"节目"面板就会被激活，如图2-50所示。此时，监视器即处于双显示模式，如图2-51所示。

图2-49

图2-50

图2-51

2.面板按钮介绍

在"源"面板中,可以对素材进行初步的剪辑,如图2-52所示。

重要参数详解

◇ 添加标记■(快捷键为M,后续括号中为相应的快捷键):可以在"源"面板的时间轴上设置标记,用于标记素材中的一些重要时间点,便于后期剪辑,如图2-53所示。

图2-52　　　　　　　　　　　　　　　　图2-53

技巧提示：如何删除标记

　　若要删除某个标记，可以选择要删除的标记后单击鼠标右键，在快捷菜单中执行"清除所选的标记"命令。若要删除全部标记则执行"清除所有标记"命令，如图2-54所示。还可以双击需要删除的标记，在弹出的"标记"对话框中单击"删除"按钮 删除，在此对话框中还能设置标记的相关信息，如图2-55所示。

图2-54　　　　　　　　　　　　　　　　图2-55

◇ **标记入点**（I）：可以在一段素材中设置一个时间入点，长按Alt键并再次单击即可取消。

◇ **标记出点**（O键）：可在一段素材中设置一个时间出点，长按Alt键并再次单击即可取消。出点与入点设置完成后，可在监视器的时间轴上看到一段有限的素材片段，如图2-56所示。

图2-56

◇ **转到入点**（Shift+I）：可以将时间线移动至设置的入点。

◇ **转到出点**（Shift+O）：可将时间线移动至设置的出点。

◇ **后退一帧**（←）：可以在监视器的当前时间线上向前一帧。

◇ **前进一帧**（→）：可在监视器的当前时间线上向后一帧。

◇ **播放/停止切换**（Space）：可以控制监视器上的视频播放与暂停。

◇ **插入**（,）：可以在"时间轴"面板中的时间线后插入整个素材或设置好出入点的片段，但不会覆盖原有的片段，如图2-57所示。

◇ **覆盖**（.）：可以在"时间轴"面板中的时间线后插入整个素材或设置好出入点的片段，也可以覆盖原有的片段，如图2-58所示。

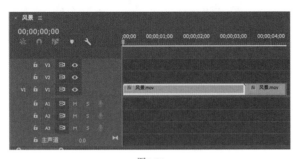

图2-57   图2-58

◇ **导出帧** （Ctrl + Shift + E）：可以导出监视器上素材的当前帧，在弹出的"导出帧"对话框中设置名称和格式（推荐默认格式）后选择导出路径，单击"确定"按钮 即可导出帧，如图2-59所示；如果勾选"导入到项目中"复选框即可直接将当前帧导入"项目"面板的素材库中，如图2-60所示。

◇ **仅拖动视频** ：可以显示素材的视频预览效果，拖曳"仅拖动视频"按钮 可以将整个视频素材（或设置好出点和入点的无音频视频）片段放置到时间轴。

◇ **仅拖动音频** ：单击此按钮后可以显示素材的波形音频文件，如图2-61所示，拖曳"仅拖动音频"按钮 可以将整个音频素材（或设置好出点和入点的音频片段）放置到时间轴。

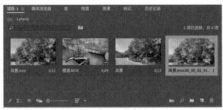
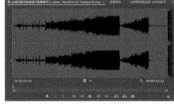

图2-59   图2-60   图2-61

3.面板显示设置

在两个监视器左下角的"选择缩放级别"下拉列表框中可选择视频的缩放级别，如图2-62所示。

右下角的 下拉列表框可设置回放分辨率，即设置在窗口上实时预览视频的分辨率，如图2-63所示。选择的分辨率越高，对计算机性能要求越高，请根据实际情况进行设置。

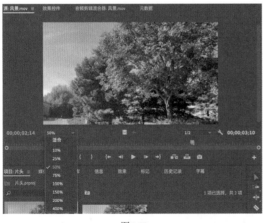

图2-62   图2-63

单击右下角的"按钮编辑器"按钮 ，还可以在弹出的"按钮编辑器"对话框中添加、编辑下方的功能键，修改后单击"确定"按钮 ，如图2-64所示。

图2-64

2.3.3 "时间轴"面板

"时间轴"面板位于整个界面的右下角，是视频剪辑、编辑的主要区域，如图2-65所示。位于"时间轴"面板左上角的 `00:00:14:06` 被称为"播放指示器"，用于显示当前时间线所在的位置，右侧的音量区域可以显示实时音量大小，如图2-66所示。接下来对时间轴进行一个详细的讲解，如图2-67所示。

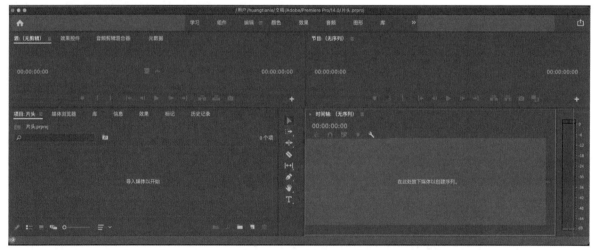

图2-65

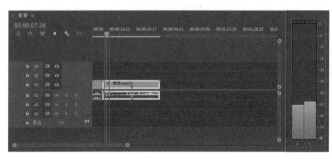

图2-66

图2-67

重要参数详解

◇ **当前时间指示**：用于显示时间轴上的当前时间，拖动此按钮可以改变当前时间线的位置。

◇ **将序列作为嵌套或个别剪辑插入并覆盖**：保持打开时可以将序列作为嵌套或个别的剪辑文件插入时间线并覆盖其他文件（此按钮默认为打开状态）。

◇ **对齐** ：当此按钮处于打开状态时，可以自动对齐两段素材或让素材与时间线对齐（此按钮默认为打开状态）。

◇ **链接选择项** ：当此按钮处于打开状态时，把视频素材拖曳到"时间轴"面板中，视频和音频会默认同步（此按钮默认为打开状态）。

◇ **添加标记** ：单击此按钮可在当前时间线位置添加一个标记。

◇ **时间轴显示设置** ：单击此按钮可以对时间轴的显示进行设置。

◇ **切换轨道锁定** ：当此按钮处于关闭状态 时，该轨道不可使用，如图2-68所示。

图2-68

◇ **以此轨道为目标切换轨道** ：视频轨道，其中的数字表示轨道的编号，一个序列中可以有多个视频轨道，在轨道中可以编辑图像、视频和序列等素材。

◇ **以此轨道为目标切换轨道** ：音频轨道，其中的数字表示轨道的编号，一个序列中可以有多个音频轨道。

◇ **切换同步锁定** ：可以限制编辑期间轨道的转移。

◇ **切换轨道输出** ：当此按钮处于关闭状态 时，该轨道上的视频会被隐藏，以黑场视频形式显示在监视器中。

◇ **静音轨道** ：当此按钮处于打开状态 时，该轨道上的音频呈静音状态。

◇ **独奏轨道** ：当此按钮处于打开状态 时，只播放此轨道上的音频，其他轨道均静音，如图2-69所示。

◇ **画外音录制** ：单击此按钮可在当前轨道进行录音。

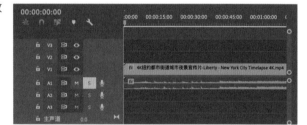

图2-69

2.3.4 "效果"面板

单击软件顶部"效果"按钮 即可切换到"效果"面板，如图2-70所示。

图2-70

"效果"面板中包含多种音频及视频的效果，如图2-71所示。

重要参数详解

◇ **搜索框** 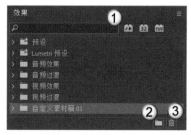：在此可以搜索所有的效果。

◇ **新建自定义素材箱** ：单击此按钮，可以新建一个效果素材箱，读者可以根据自己的使用习惯进行设置。

◇ **删除自定义项目** ：可以删除一个自定义项目，但不可删除默认项目。

图2-71

2.3.5 "音轨混合器"面板

"音轨混合器"面板主要用于编辑和优化项目中的音频。每条音频混合器轨道均对应活动序列时间轴中的某个轨道，并会在音频控制台布局中显示。音轨混合器包含一定数量的音轨滑块，它们直接对应时间轴中可用的音轨数量。将新音频添加到时间轴时，会在音轨混合器中创建新音轨。通过单击轨道名称可将其重命名。还可使用音轨混合器直接将音频导入到序列的轨道中。音轨混合器只显示活动序列中的轨道，而非所有项目范围内的轨道。并且在大多数Premiere工作区中"音轨混合器"面板被隐藏了，需要执行"窗口>音轨混合器"命令打开该面板。

我们可以使用音轨混合器或音频剪辑混合器编辑音轨。区别在于"音轨混合器"面板用于控制轨道，"音频剪辑混合器"面板用于控制每个轨道中的单个音频。轨道可包含单声道或5.1环绕立体声声道。对于不同种类的视频，可选择不同种类的轨道。例如，可以为单声道剪辑选择仅编辑至单声道音轨。默认情况下选择多声道，因为单声道音频会自动输出导向到自适应的音频轨道中。

单击界面顶部的"音频"按钮 ，即可显示"音轨混合器"面板，如图2-72所示。

重要参数详解

◇ **轨道输出分配** ：用于分配该轨道上的音频的输出声道，默认为主声道。

◇ **自动模式** ：对音频的关键帧进行设置，默认为读取模式。

» **读取：** 如果手动设置关键帧，就会读取当前轨道上的关键帧，显示音频的变化。

» **写入：** 在播放音频的同时调整音频，关键帧会自动进行添加。

» **触动：** 可以添加关键帧，音频播放停止之后会回弹到添加关键帧之前的状态。

» **闭锁：** 同样可以添加关键帧，音频播放停止后会在停止的位置停止添加关键帧，关键帧从静止状态逐渐向后面的关键帧靠拢。

◇ **转到入点** ：可以将时间线转到该音轨的开始位置。

◇ **转到出点** ：可以将时间线转到该音轨的末尾位置。

◇ **播放/停止切换** ：可对音轨的音频进行播放和停止操作。

◇ **从入点到出点播放音频** ：可以在设置好的出点与入点范围内播放音频。

◇ **循环** ：可以循环播放音轨上的音频。

◇ **录制：** 单击后可在设置好的轨道上进行声音录制。

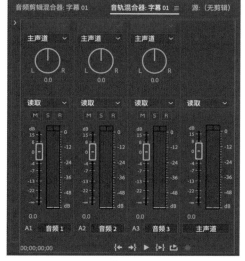

图2-72

技巧提示：混合音轨和剪辑

混合音轨和剪辑是指对序列中的音轨进行混合和调整，因为序列音轨中可能包含多个音轨。在混合音频时执行的操作可应用于序列中的多个音频轨道。例如，可以对某个剪辑中的一段音频轨道应用一个音频级别，而对该剪辑所在的另一个音频轨道应用另一个音频级别。

如果要修改某个音频，可以通过对该音频或该音频所在的轨道应用某种效果来实现。注意，要有计划、系统地应用效果，避免出现多余或冲突的设置。

2.3.6 工具面板

工具面板位于"时间轴"面板左侧，如图2-73所示，主要用于编辑时间轴中的素材，共有16种工具。下面对工具面板中的所有工具依次进行详细讲解。

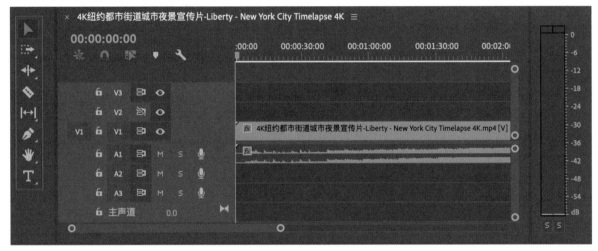

图2-73

◇ **选择工具** （V）：可以选择时间轴上的素材文件，在Premiere中经常使用。

◇ **向前选择轨道工具** （A）：可以选择箭头方向的所有素材。

◇ **向后选择轨道工具** （Shift + A）：可以选择箭头方向的所有素材，与向前选择轨道工具一样，有助于提升剪辑的工作效率。

◇ **波纹编辑工具** （B）：用于调节素材长度，并且当素材长度缩短时，后方素材会自动跟随向前。

◇ **滚动编辑工具** （N）：选择后更改某段素材的出点与入点时相邻素材出点与入点会跟随改变。

◇ **比率拉伸工具** （R）：可以更改素材长度，同时素材的播放速率会跟随其改变，也是剪辑中常用的功能。

◇ **剃刀工具** （C）：可以将一段素材分割为两段，是剪辑中常用的工具。

◇ **外滑工具** （Y）：可以改变素材的出点与入点。

◇ **内滑工具** （U）：可以改变相邻素材的出点与入点。

◇ **钢笔工具** （P）：可在监视器中绘制图形，也可以在素材上方创建关键帧。

◇ **矩形工具** ：可以在监视器中绘制矩形。

◇ **椭圆工具** ：可以在监视器中绘制椭圆形。

◇ **手形工具** （H）：可以在监视器中移动素材位置。

◇ **缩放工具** （Z）：可以对时间轴中的素材进行缩放。

◇ **文字工具** （T）：可以在监视器中创建文字，可以快速且方便地创建一些文字效果。

◇ **垂直文字工具** ：可以在监视器中创建竖排垂直的文字。

2.3.7 "效果控件"面板

选择要修改的素材后在界面左上角单击"效果控件"按钮即可显示"效果控件"面板。在"效果控件"面板中，可以调整素材的各种基本参数，也可以设置添加效果的具体参数。面板的左侧显示调整选项的详细信息，右侧显示当前素材的时间轴，修改各参数后单击"重置参数"按钮，可以重置各项参数为默认值，如图2-74所示。

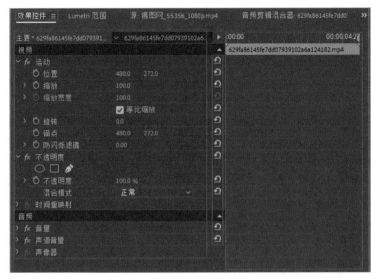

图2-74

2.4 工作面板的布局与调整

　　工作面板是放置各种参数调整工具的地方，根据使用习惯布置工作面板，可以提高视频剪辑工作的效率。在Premiere中，根据不同需求将工作面板分为多个类别，单击其中的按钮便可切换工作界面，如图2-75所示。单击▶▶按钮可以显示更多面板，如图2-76所示。在任意工作面板中单击▤按钮，即可对此面板进行更多操作，如图2-77所示。

　　若要编辑顶部工作区导航栏，可以在图2-76所示的菜单中单击"编辑工作区"按钮 编辑工作区_ ，在弹出的"编辑工作区"对话框中设置想要的布局后单击"确定"按钮 确定 即可，如图2-78所示。

图2-75

图2-76

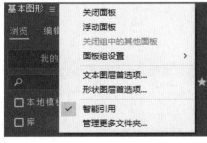

图2-77

图2-78

　　另外，还可以通过顶部菜单栏来编辑工作区，在菜单栏中执行"窗口"命令即可看到所有的工作面板，选择任意面板即可在工作区中显示该面板，前面带✓的是已经选择并显示的面板，如图2-79所示。

在菜单栏中执行"窗口>工作区>重置为保存的布局"命令可以重置工作区布局，在菜单栏中执行"窗口>工作区>另存为新工作区"命令，可以保存目前的工作区为一个新的工作区，还可以编辑或导入工作区布局，如图2-80所示。

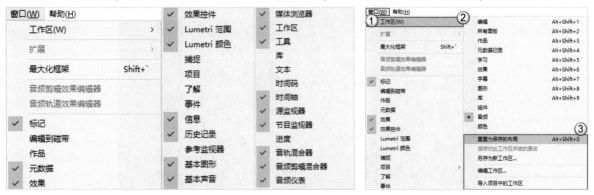

图2-79　　　　　　　　　　　　　　　　　　　　　　图2-80

案例训练：自定义工作区

素材位置　无
实例位置　无
学习目标　掌握自定义工作区的方法

本案例训练最终效果如图2-81所示。

图2-81

01 打开Premiere并新建一个项目，在菜单栏中执行"文件>新建>项目"命令或按快捷键Ctrl+Alt+N新建一个项目，将其命名为"自定义工作区"，单击"确定"按钮 确定 新建项目，如图2-82所示。

02 在菜单栏中执行"窗口>Lumetri颜色"和"窗口>基本图形"命令，添加"Lumetri颜色"面板与"基本图形"面板，如图2-83和图2-84所示。

图2-82

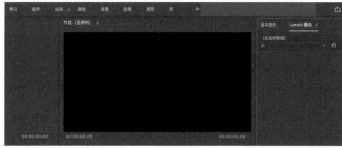

图2-83　　　　　　　　　　　图2-84

03 在界面左上角找到"元数据"面板，单击 **≡** 按钮，在下拉菜单中执行"关闭面板"命令将其关闭，因为在视频制作过程中一般不需要用到此面板，如图2-85所示。

04 在菜单栏中执行"窗口>工作区>另存为新工作区"命令，在弹出的"新建工作区"对话框中将新的工作区命名为"自定义工作区1"，单击"确定"按钮 **确定** 完成创建，如图2-86所示。完成设置后即可在顶部看到新建的工作区，如图2-87所示。

图2-85　　　　　　　　　　　图2-86

图2-87

2.5 快捷键配置

　　使用Premiere时，为了提高工作效率，经常需要用到快捷键，可以在菜单栏中执行"编辑>快捷键"命令或按快捷键Ctrl+Alt+K打开"键盘快捷键"对话框，查看并设置快捷键，如图2-88和图2-89所示。

图2-88

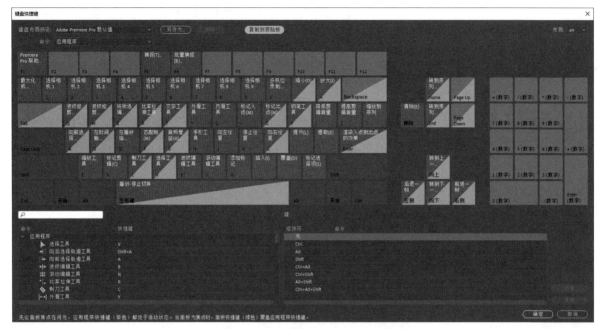

图2-89

技巧提示：Mac系统的快捷键

由于系统不同，Mac系统需要在菜单栏中执行"Premiere Pro>快捷键"命令或按快捷键Opt+Cmd+K调出快捷键配置，如图2-90所示。在弹出的"键盘快捷键"对话框中可以看到所有的键盘快捷键设置，如图2-91所示。

图2-90

图2-91

快捷键的布局和名字会因为系统不同而有所差别，例如，Windows系统的计算机没有Mac系统计算机键盘上的Cmd键和Opt键，因此有些快捷键就会因为这一不同而有所改变，其中大部分为Ctrl键和Cmd键互换。

在左上角的"键盘布局预设"下拉列表框中可以选择键盘快捷键预设，如图2-92所示。若要对单个快捷键进行设置，选择需要改变的快捷键并设置成相应的按键后单击"确定"按钮 确定 即可保存，如图2-93所示。

图2-92

图2-93

技术专题：学习Premiere时需要记住所有快捷键吗

初学Premiere不需要记住所有快捷键，因为Premiere中快捷键非常多，记忆较困难，而且也没有必要。在学习的过程中接触的都是基本操作，只需要记住那些最常用的快捷键，其他快捷键在使用时可以翻看本书附录查找。

第 **3** 章 视频剪辑的基本操作方法

■ **学习目的**

本章将在认识软件的基础上进一步讲解如何操作软件，以及如何利用 Premiere 剪辑视频，让读者了解 Premiere 剪辑的工作流程。

■ **主要内容**

· 认识并高效地管理素材
· 了解剪辑的基本流程
· 学习使用"效果控件"面板
· 学习使用音频剪辑混合器
· 学习使用元数据查看素材参数

3.1 素材管理

在制作视频的时候会用到数量庞大、类型广泛的素材。管理素材是开始创作之前的重要步骤。养成好的素材管理习惯，可以在调用素材的时候更加便捷、省时，从而提高工作效率。

3.1.1 认识素材

在制作视频时使用的每一个影像、图片和音频等文件都可以被称为素材。Premiere中常用到影像素材，以及图片素材和音频素材，下面就对这3类素材进行具体的讲解。

1.影像素材

影像素材可以是自己拍摄的原始视频文件，如在校园中拍摄的"风景"和"楼道"素材，如图3-1所示；也可以是在网络上下载的视频，例如在网上下载的"4K日本风景"素材，如图3-2所示。

图3-1   图3-2

2.图片素材

图片素材的种类非常多，和影像素材一样，它可以是自己拍摄的照片，也可以是在网络上下载的图片。此处主要对网络上下载的带透明通道的图片素材进行重点介绍。

透明通道即Alpha通道（α Channel或Alpha Channel），可以调整图片背景的透明程度以突出主体。许多图片都是不带透明通道的，例如，在视频中添加一张不带透明通道的"树木.jpg"图片，如图3-3所示，可以看到添加的这张图片的白色背景部分遮挡了视频的画面，如果将同样的图片换成带透明通道的"树木.png"，效果就会明显不同，如图3-4所示。

图3-3   图3-4

将两张图进行对比，可以看出第1张图中的白色背景可以看作一个透明的图层，只是因为不带透明通道而无法在视频中显示出来；第2张图带有透明通道，在视频中透明部分可以被识别，如图3-5所示。

图3-5

技术专题：为什么带有透明通道的图片无法达到透明效果

可能是由于保存图片时没有设置图片格式为PNG。一定要注意，带有透明通道的图片格式必须为PNG才可以被识别。

3.音频素材

音频素材可以是自己录制的音频或视频本身所带的音频，也可以是从其他途径获得的音频文件，如雷声、雨声、笑声等效果类音频，以及用作背景音乐的歌曲或纯音乐。

3.1.2 收集素材

虽然各种各样的素材可以为视频创作添砖加瓦，丰富视频的元素，但是将低质量的素材添加到视频中会降低视频的整体质量。我们在收集素材的过程中应该注意以下两点。

第1点：根据视频需求寻找素材。如果要制作娱乐类短视频，就会涉及一些图标、插画，在视频制作的过程中可以到相关的网站下载；如果要制作混剪类短视频，可以在互联网上下载相关的影视文件然后进行剪辑。

第2点：注意版权。在素材的收集过程中，要注意收集的素材是否涉及版权问题，尤其是制作的视频涉及商业用途时需要格外注意。优质的素材往往都需要授权才能使用，如果使用了没有授权的素材，可能还会引起版权纠纷。

3.1.3 管理素材

通常，一个视频会用到很多素材，这些素材的类型也很杂乱，因此素材的管理就显得尤为重要。这里将介绍两种常用的素材管理方法。

1.类型管理法

将不同的素材按类型分别放入不同的文件夹，在制作视频的时候就可以直接按类型导入和筛选素材。类型管理法适用于含有多种类型素材的视频，如图3-6所示。

图3-6

2.时间管理法

将素材按保存的时间进行分类，便于迅速调取某个时间保存或导入的素材。时间管理法适用于拍摄和视频制作同时进行的项目，如图3-7所示。

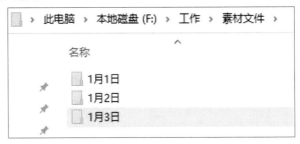

图3-7

3.1.4 导入素材

一般在新建序列之后便会进行导入素材的操作，可以根据视频制作的需求将素材导入Premiere的"项目"面板中。可以在"项目"面板的空白处双击或单击鼠标右键，在快捷菜单中执行"导入"命令，也可以在菜单栏中执行"文件>导入"命令或按快捷键Ctrl+I，如图3-8所示。

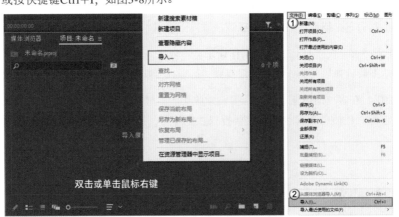

图3-8

在弹出的"导入"对话框中选择需要导入的素材后单击"打开"按钮 [打开(O)]，如图3-9所示。将素材整理到统一文件夹后单击"导入文件夹"按钮 [导入文件夹]，即可一次性导入文件夹中所有的素材，如图3-10所示。

图3-9   图3-10

3.1.5 打包素材

如果移动了项目中使用的素材，或修改了素材名称，Premiere会提示素材缺失。通过对素材文件进行打包处理，可以避免这种情况。

当"项目"面板中存在序列时，在菜单栏中执行"文件>项目管理"命令，如图3-11所示。在打开的对话框中勾选"摩托车"序列，选择"生成项目"下的"收集文件并复制到新位置"单选按钮。单击"浏览"按钮 浏览_ ，选择目标位置后单击"确定"按钮 确定 即可完成打包操作，如图3-12所示。

图3-11

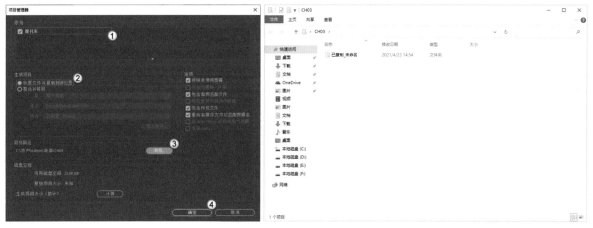

图3-12

3.2 在"时间轴"面板中编辑素材

在前面的学习中已经认识了"时间轴"面板，它是剪辑视频的重要工具。在实际剪辑视频时，为了提高工作效率，通常还需要在"时间轴"面板中对素材文件进行进一步的编辑。

3.2.1 编组素材

在剪辑视频时会涉及多个素材，如果对这些素材进行编组，就能将多个素材锁定在一起，可以同时移动或编辑，也可以为编组素材同时添加相同的效果。可以看到"项目"面板中有"风景.mov"和"楼道.mov"两个素材，将它们拖曳到"时间轴"面板中，如图3-13所示。

 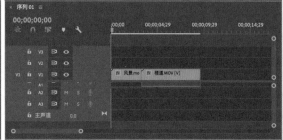

图3-13

技术专题：拖曳素材到时间轴显示"剪辑不匹配警告"

　　这是因为素材文件的分辨率或帧率等信息与所设置的序列不一样，此时软件会提示是否要更改序列设置。若单击"更改序列设置"按钮则会将序列设置更改为与素材文件相匹配的序列；但有时并不需要更改序列设置，这时就可以直接单击"保持现有设置"按钮，如图3-14所示。

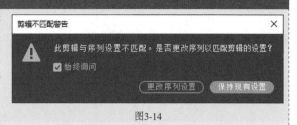

图3-14

　　在"时间轴"面板中同时选择"风景.mov"和"楼道.mov"两个素材后单击鼠标右键，在快捷菜单中执行"编组"命令，将素材编组，如图3-15所示。此时在"时间轴"面板中单击任意一段素材即可自动选择整个被编组的素材，可以对其进行整体的移动或添加效果操作，如图3-16所示。

图3-15　　　　　　　　　　　　　　图3-16

3.2.2　嵌套素材

　　与编组不同，嵌套素材可以将多个素材合并为一个新的序列，也可以对其进行整体的移动和添加效果操作。并且处理过的素材不会丢失，双击嵌套的序列可以打开并继续处理。继续使用"风景.mov"和"楼道.mov"两个素材，同时选择两段素材后单击鼠标右键，在快捷菜单中执行"嵌套"命令，如图3-17所示。

图3-17

在弹出的"嵌套序列名称"对话框中为此序列命名，然后单击"确定"按钮（ 确定 ），如图3-18所示。双击"嵌套序列01"序列即可进入此序列并能够单独对其中的素材进行编辑操作，如图3-19和图3-20所示。

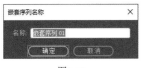

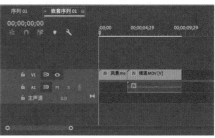

图3-18   图3-19   图3-20

3.2.3 取消视频与音频链接

拍摄的视频一般都带有音频，如果需要删除原有的音频，为视频添加背景音乐，就需要取消视频与音频的链接。在"时间轴"面板中可以看到这段素材既有视频又有音频，如图3-21所示。

选择素材后单击鼠标右键，在快捷菜单中执行"取消链接"命令，取消视频与音频的链接。选择音频并将其删除，可以看到视频仍然存在，如图3-22所示。

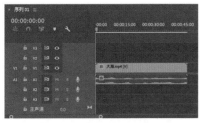

图3-21   图3-22

技术专题：取消链接之后想要重新链接应该如何操作

若想让分离的视频和音频重新链接，同时选择音频、视频后单击鼠标右键，在快捷菜单中执行"链接"命令即可，如图3-23所示。

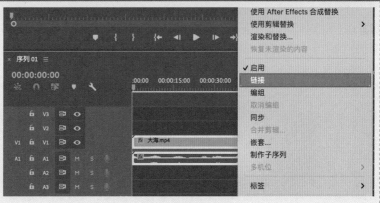

图3-23

3.3 对素材进行剪辑

在Premiere中，对素材的剪辑可以分为在时间轴上的剪辑和在监视器中的剪辑，这两种剪辑方法对应不同的剪辑场景。除此之外，本节还将学习当素材是使用多个机位拍摄的视频时，如何在Premiere中直接进行多机位剪辑。

3.3.1 在"时间轴"面板中进行剪辑

前面已经对工具面板中的各个工具进行了简单的介绍，这一小节将讲解剪辑时应该怎样使用这些工具。

01 使用"选择工具" ▶可以选择任何素材，包括视频、图片和音乐等。将"大海.mp4"素材从"项目"面板拖曳到"时间轴"面板中，如图3-24所示。

图3-24

02 使用"剃刀工具" ◈在需要剪辑的位置上单击，可以将时间轴上的素材分为两段。将时间线移动至00:00:03:00处，然后使用"剃刀工具" ◈单击此处即可将素材分为两部分，如图3-25所示。使用同样的方法在00:00:30:00处再次剪辑，将素材分为3部分，如图3-26所示。

图3-25

图3-26

03 在"时间轴"面板中使用"向后选择轨道工具" ▦在第2段素材上单击，选择第2段素材及之后的所有素材，如图3-27所示。在"时间轴"面板中使用"向前选择轨道工具" ▦在第2段素材上单击，选择第2段素材及之前的所有素材，如图3-28所示。

图3-27

图3-28

04 使用"选择工具" ▶剪辑素材。将鼠标指针分别放置到各段素材的前、后，当鼠标指针变为 ▸或 ◂形状时，按住鼠标左键拖曳可以对素材进行前后调整和剪辑，剪辑后各段素材间将出现空隙，如图3-29所示。

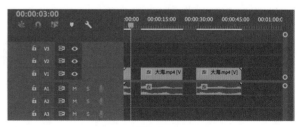

图3-29

05 使用"波纹编辑工具" 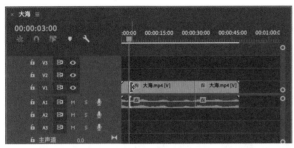 调整素材，相邻素材间会自动补位，如图3-30所示。使用"滚动编辑工具" 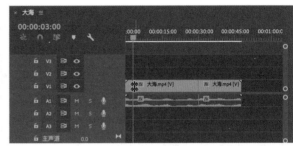 可以在素材总长度不变的情况下调整各部分素材的长度，注意，该工具会同时改变左右片段的长度，从而呈现镜头拉长或缩短的效果，如图3-31至图3-33所示。

图3-30

图3-31

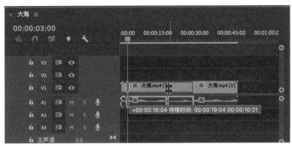

图3-32

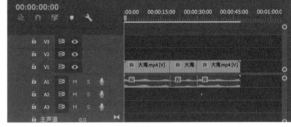

图3-33

06 使用"比率拉伸工具"  可以压缩或增加素材的长度，从而实现视频的快放或慢放。将素材尾部拖曳到00:00:30:00处，此时素材加速到"持续时间"为30秒的状态，如图3-34所示。再次使用"比率拉伸工具"  将素材尾部拖曳到00:00:50:00处，此时素材减速到"持续时间"为50秒的状态，如图3-35所示。

图3-34

图3-35

技巧提示：如何修改播放速度

在需要调整播放速度的素材上单击鼠标右键，在快捷菜单中执行"速度/持续时间"命令，如图3-36所示，即可弹出"剪辑速度/持续时间"对话框。其中"速度"默认为100%，若更改为200%，视频将以两倍速播放，也可以直接调整"持续时间"选项，调整后"速度"值会自动跟随发生变化，如图3-37所示。单击  按钮可以取消"速度"与"持续时间"之间的链接，两者不会跟随变化。

图3-36

勾选"倒放速度"复选框，原视频与音频同时进行倒放；勾选"保持音频音调"复选框，加速后视频的音频部分音调保持原调；勾选"波纹编辑，移动尾部剪辑"复选框，加速后的视频空隙会自动填补；"时间插值"选项保持默认设置即可，完成后单击"确定"按钮（ 确定 ），如图3-38所示。

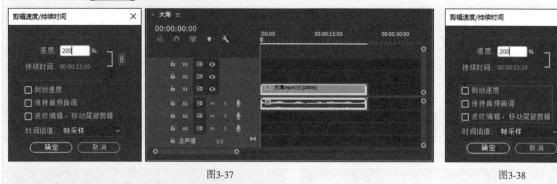

图3-37　　　　　　　　　　　　　　　　　　　　　　　图3-38

3.3.2　在监视器中进行剪辑

在Premiere中，除了可以在"时间轴"面板中进行剪辑之外，还可以在监视器中对素材进行剪辑。

技术专题：在监视器中剪辑与在"时间轴"面板中剪辑有什么不同

在"时间轴"面板中可以同时对多段素材进行剪辑，而且在"时间轴"面板中可以对素材进行更多的编辑操作。

01 在"项目"面板中双击需要剪辑的素材，此素材便会出现在"源"面板中，如图3-39所示。将时间线移

动到00:00:03:00处，单击"标记入点"按钮或按I键标记入点，再将时间线移动至00:00:15:00处，单击"标记出点"按钮或按O键标记出点，如图3-40所示。

图3-39　　　　　　　　　　　　　　　　　图3-40

02 按住"仅拖动视频"按钮拖曳，可以将已经标记好出入点的视频片段拖曳到"时间轴"面板中，如图3-41所示。按住"仅拖动音频"按钮拖曳，可以将已经标记好出入点的音频片段拖曳到"时间轴"面板中，如图3-42所示。

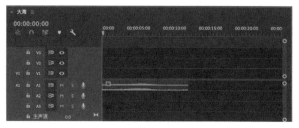

图3-41　　　　　　　　　　　　　　　　　图3-42

03 再次在"时间轴"面板的00:00:30:00处标记入点，在00:00:35:00处标记出点，然后在"时间轴"面板中将时间线移动至视频开始处，如图3-43所示。

04 在"源"面板中单击"插入"按钮🔳或按,键，将标记好出入点的视频片段插入时间轴，如图3-44所示。

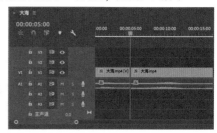

图3-43   图3-44

05 在"源"面板中单击"覆盖"按钮🔳或按.键，将标记好出入点的视频片段覆盖到时间轴上，素材总时长保持不变，如图3-45所示。

06 在"源"面板中需要标记的地方单击"添加标记"按钮🔳或按M键可以添加标记。在00:00:15:00处单击"添加标记"按钮🔳，如图3-46所示。

07 在素材中添加的标记可以起到提示作用，便于提高剪辑的效率，而且添加标记后将此段视频拖曳到时间轴上时，"时间轴"面板中的素材会显示所标记的时间点，如图3-47所示。

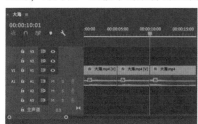

图3-45   图3-46   图3-47

08 除了"源"面板外，也可以在"节目"面板中对素材进行剪辑。播放"时间轴"面板中剪辑的素材即是在"节目"面板中预览素材，如图3-48所示。

09 在"节目"面板中可以标记整个时间轴上素材的出点与入点。将时间线拖曳到00:00:03:00处后单击"标记入点"按钮🔳完成入点标记，如图3-49所示。将时间线拖曳至00:00:20:00处后单击"标记出点"按钮🔳完成出点标记，如图3-50所示。

图3-48   图3-49   图3-50

10 在"节目"面板中设置的出点和入点会对整个素材起作用。单击"节目"面板中的"提升"按钮 或按;键，可以快速删除设置好出点和入点的片段，但不会填补空缺，如图3-51所示。单击"提取"按钮 或按'键，可以删除设置好出点和入点的片段，此时后方素材会自动填补删除素材后的空缺，如图3-52所示。

11 除了可以快速剪辑，标记出点和入点的视频片段还可以在导出时单独渲染。在菜单栏中执行"文件 > 导出 > 媒体"命令，弹出"导出设置"对话框，其中默认渲染标记出点和入点间的片段，如图3-53所示。

图3-51　　　　　　　　　图3-52　　　　　　　　　　　　　图3-53

3.3.3 多机位剪辑

多机位剪辑适用于使用多个机位拍摄的视频，多机位从不同的角度去表现主体，能够增加画面的丰富性。因此，当需要剪辑多个机位拍摄的素材时，可以应用多机位剪辑来提高剪辑的效率。

01 要进行多机位剪辑，需要确保有两个及以上的素材。将"城市1.mp4"和"城市2.mp4"导入"项目"面板中，将两个素材分别拖曳到"时间轴"面板的V1和V2轨道上创建序列，如图3-54所示。

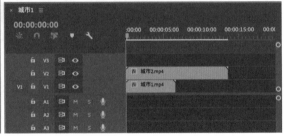

图3-54

02 选择两个素材后单击鼠标右键，在快捷菜单中执行"嵌套"命令，接着在"嵌套序列名称"对话框中设置嵌套序列的名称，完成后单击"确定"按钮（ 确定 ），如图3-55所示。

03 设置完成后回到"节目"面板中，单击"按钮编辑器"按钮 ，在弹出的下拉列表中选择"切换多机位视图"按钮 ，按住鼠标左键将其拖曳到按钮栏中，如图3-56所示。

图3-55　　　　　　　　　　　　　　　　　　　　图3-56

04 开始多机位剪辑。首先在"嵌套序列01"上单击鼠标右键，在快捷菜单中执行"多机位＞启用"命令，如图3-57所示。

05 回到"节目"面板，单击"切换多机位视图"按钮，监视器画面会自动分为左右两部分，左侧为多机位窗口，右侧为录制窗口，如图3-58所示。

图3-57

图3-58

06 可以将左侧的多机位窗口看作"导播台"，将右侧的录制窗口看作"播出画面"，单击"节目"面板上的"播放"按钮开始录制。录制时单击不同的机位即可切换画面，选择的画面边框会变为红色，如图3-59所示。播放结束后，序列会自动完成剪辑，如图3-60所示。

图3-59

图3-60

案例训练：剪辑"风景欣赏"视频

素材位置	素材文件＞CH03＞案例训练：剪辑"风景欣赏"视频
实例位置	实例文件＞CH03＞案例训练：剪辑"风景欣赏"视频
学习目标	掌握多种剪辑工具的用法

本案例训练的最终效果如图3-61所示。

图3-61

01 打开Premiere，新建名为"风景欣赏"的项目，其他设置保持不变，单击"确定"按钮 确定 ，如图3-62
所示。

02 在菜单栏中执行"文件>新建>序列"命令或按快捷键Ctrl＋N，打开"新建序列"对话框。在"可用预
设"列表中选择HDV 1080P 30选项，设置"序列名称"为序列01，单击"确定"按钮 确定 完成新建，
如图3-63所示。

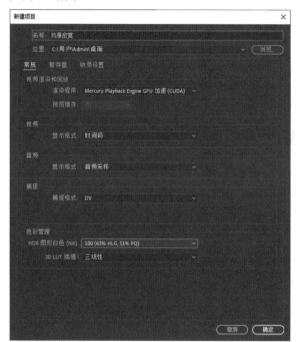 

图3-62　　　　　　　　　　　　　　　　　　　　图3-63

03 在菜单栏中执行"文件>导入"命令或按快捷键Ctrl＋I，在弹出的"导入"窗口中选择"素材文件>CH03>
案例训练：剪辑"风景欣赏"视频"文件夹中的所有文件，单击"打开"按钮 打开(O) 导入素材，如图3-64和图
3-65所示。

图3-64　　　　　　　　　　　　　　　　　　　　图3-65

04 在"项目"面板中双击"日出.mp4"素材使其在"源"面板中显示，将时间线拖曳到00:00:10:00处，单击
"标记入点"按钮 标记入点，如图3-66所示。

图3-66

05 按住"仅拖动视频"按钮□并拖曳，将此段素材直接拖曳到"时间轴"面板中。系统弹出"剪辑不匹配警告"对话框，单击"保持现有设置"按钮 保持现有设置，如图3-67所示。

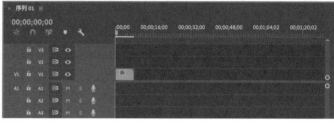

图3-67

06 在"项目"面板中双击"阳光.mp4"素材，在"源"面板的00:00:06:00处设置出点，按住"仅拖动视频"按钮□并拖曳，将此段素材拖曳到"时间轴"面板中，将其接到"日出.mp4"素材后，如图3-68所示。

图3-68

07 在"项目"面板中双击"阳光2.mp4"素材，在"源"面板的00:00:04:00处设置入点，在00:00:08:00处设置出点，按住"仅拖动视频"按钮□并拖曳，将此段素材拖曳到"时间轴"面板的"阳光.mp4"素材后，如图3-69所示。

图3-69

08 在"项目"面板中双击"迎接朝阳.mp4"素材，在"源"面板的00:00:09:00处设置出点，如图3-70所示。

09 在"时间轴"面板中，将时间线拖曳到已有素材结尾处，如图3-71所示。在"源"面板中单击"插入"按钮或按,键，将设置好出点和入点的素材插入时间轴，如图3-72所示。

| 图3-70 | 图3-71 | 图3-72 |

10 在"项目"面板中选择"太阳.mp4"素材，将其拖曳到"时间轴"面板中，如图3-73所示。将时间线拖曳到00:00:22:00处，使用"剃刀工具"在当前时间线处单击，将素材分割为两段，如图3-74所示。

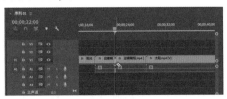

| 图3-73 | 图3-74 |

11 在"时间轴"面板中选择"迎接朝阳.mp4"素材的第2部分，按Delete键将其删除。将"太阳.mp4"素材移动到上一段素材之后填补空缺，如图3-75所示。

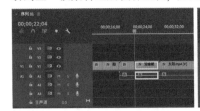
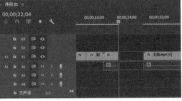

图3-75

12 在"项目"面板中将"登山.mp4"素材拖曳到"太阳.mp4"素材后，如图3-76所示。在"项目"面板中将"城市1.mp4"和"城市2.mp4"两个素材分别拖曳到"时间轴"面板中，如图3-77所示。

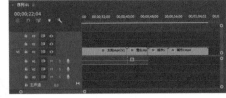

| 图3-76 | 图3-77 |

13 在"时间轴"面板中同时选择"迎接朝阳.mp4""太阳.mp4""登山.mp4"3段素材后单击鼠标右键，在快捷菜单中执行"嵌套"命令，在弹出的对话框中设置"名称"为嵌套序列01，单击"确定"按钮，如图3-78所示。

图3-78

14 选择"嵌套序列01"后单击鼠标右键，在快捷菜单中执行"取消链接"命令，选择A1轨道上的音频并按Delete键将其删除，如图3-79所示。

图3-79

15 在"项目"面板中选择"背景音乐.wav"并将其拖曳到A1轨道上，如图3-80所示。使用"选择工具" 调整"背景音乐.wav"的长度，使其与V1轨道视频素材对齐，如图3-81所示。

图3-80　　　　　　　　　　　　　　　　　图3-81

16 将工作区切换为"效果"，在右侧"效果"面板中找到"视频过渡>溶解>交叉溶解"效果，将"交叉溶解"效果拖曳到"时间轴"面板中"城市1.mp4"素材与"城市2.mp4"素材之间，如图3-82所示。

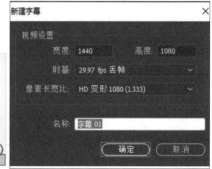

图3-82

17 将时间线拖曳到视频开始处，在菜单栏中执行"文件>新建>旧版标题"命令，在弹出的"新建字幕"对话框中直接单击"确定"按钮 完成创建，如图3-83所示。

图3-83

18 在弹出的"字幕"窗口中使用"文字工具" 在画面任意位置添加"风景欣赏"文字，设置"字体"为Hei，"字体大小"为300.0，如图3-84所示。完成后关闭此窗口，设置好的字幕会自动储存在"项目"面板中。将"字幕01"拖曳到"时间轴"面板的V2轨道上，如图3-85所示。

图3-84　　　　　　　　　　　　　　　　　图3-85

19 在菜单栏中执行"文件>导出>媒体"命令或按快捷键Ctrl＋M，在"导出设置"对话框中设置视频格式为H.264，将视频命名为"风景欣赏.mp4"，单击"导出"按钮 导出，如图3-86所示。最终效果如图3-87所示。

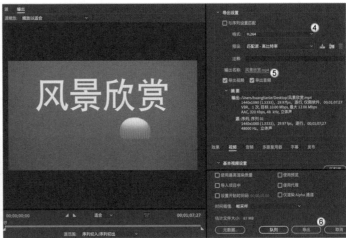

图3-86

图3-87

技巧提示：剪辑小技巧

根据不同情景选择合适的剪辑工具可以提高剪辑的效率和精确度，使整个剪辑流程更加流畅。可以根据不同的需求选择在监视器或在时间轴中对素材进行剪辑，一般首次剪辑时可以在监视器中对素材进行剪辑筛选，然后在时间轴中对视频进行更进一步的修改。当剪辑多机位拍摄的视频时，可以运用多机位剪辑提高剪辑效率。

3.4 效果控件

在Premiere中有各种效果，使用这些效果可以制作出各种类型的视频。各种效果的参数可以根据需要进行更改，不同参数会形成不同的效果，对参数进行设置的地方是"效果控件"面板。

3.4.1 如何调出"效果控件"面板

在菜单栏中执行"窗口>效果控件"命令，可以打开"效果控件"面板，如图3-88所示。"效果控件"面板一般位于"编辑"工作区的左上角，当未选择任何素材时为空白，当选择任意素材后，"效果控件"面板中会显示基础的、可调整的信息，可调整的基础信息一般分为"视频"和"音频"两部分，如图3-89所示。

图3-88

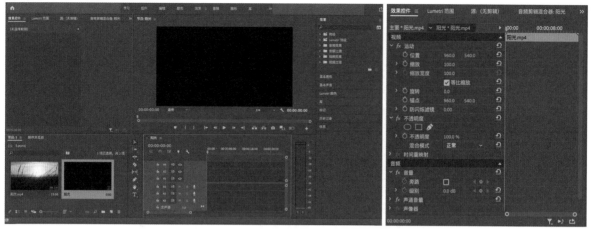

图3-89

3.4.2 视频

"视频"部分主要包括"运动""不透明度""时间重映射"等参数。

1.运动

该参数主要由"位置""缩放""缩放宽度""旋转""锚点""防闪烁滤镜"等选项组成，如图3-90所示。

图3-90

重要参数详解

◇ **位置：** 用于调整素材在画面中的位置，从左至右的数字分别代表素材水平和垂直方向上的位置。

◇ **缩放：** 可调整素材的大小，默认值为100.0，若设置为50.0时将会等比缩小画面为原画面的1/2，如图3-91所示。

◇ **缩放宽度：** 可使素材进行非等比缩放，默认不可更改，取消勾选"等比缩放"复选框 即可修改此选项；取消勾线"等比缩放"复选框，"缩放"选项变为"缩放高度"，保持"缩放高度"为50.0，将"缩放宽度"设置为98.0，素材将会拉长宽度，如图3-92所示。

◇ **旋转：** 调整此选项可使素材旋转，默认值为0.0，若设置为90.0，图片将会顺时针旋转90°，如图3-93所示。

图3-91

图3-92

图3-93

◇ **锚点：** 可以理解为进行更改的点，默认为中心点，旋转操作基于锚点进行旋转，若更改锚点到边角位置，则可以基于边角进行旋转等操作。

◇ **防闪烁滤镜：** 更改此设置可防止过度曝光对素材产生的影响。

2.不透明度

在"时间轴"面板中不同轨道上同时有两段素材时，上一层级的素材会遮挡下一层级的素材。例如，"登山.mp4"素材在"阳光.mp4"素材的上方，且两段素材都为相同比例大小，此时在监视器上只能看见"登山.mp4"素材，如图3-94所示。

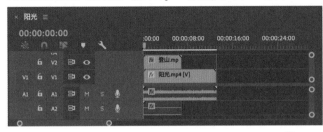

图3-94

选择"登山.mp4"素材，可以看到"效果控件"面板中"不透明度"为100.0%，如图3-95所示。设置"不透明度"为50.0%，该素材将变得透明，在监视器中可看见"阳光.mp4"素材，如图3-96所示。

图3-95

图3-96

可以修改两段素材的混合模式，提取一个图层中的像素与另一个图层混合。"混合模式"下拉列表中共有18种混合模式，如图3-97所示。掌握混合模式可以更加清楚地认识颜色叠加的不同效果，在不同叠加模式下发挥各自特点，获得不同风格的效果，提高视频制作效率。我们使用一张黑白灰色图和一张风景图进行讲解，如图3-98所示。

图3-97

图3-98

重要参数详解

◇ **正常**：需要搭配设置其他参数，否则效果不明显。

» **正常**：对素材不做任何修改，只用来调整不透明度，如图3-99所示。

» **溶解**：通常不会有变化且不更改像素，仅影响不透明度和填充值，使用频率较低，如图3-100所示。与"正常"模式不同的是，降低不透明度后会出现噪点一样的效果。

图3-99

图3-100

◇ **加深**：叠加两个图层的颜色，使下层图像变暗，以此获得一个更暗的效果。

　　» **变暗**：用上层颜色和下层颜色对比后显示更暗区域的颜色，白色区域可能完全透明，如图3-101所示。

　　» **相乘**：可以使上层画面中的白色区域消失，比白色更暗的颜色将会以不同等级的不透明度进行显示，如图3-102所示。

　　» **颜色加深**：去除上层画面中的白色，加深深色，同时提高颜色饱和度，如图3-103所示。

| 图3-101 | 图3-102 | 图3-103 |

　　» **线性加深**："相乘"模式与"颜色加深"模式组合的效果，颜色饱和度会更低一点，如图3-104所示。

　　» **深色**：用上层画面叠加下层画面，下层中越亮的区域显示越多，如图3-105所示。

| 图3-104 | 图3-105 |

◇ **减淡**：与加深效果相反，会保留图层中较亮的颜色，去除较暗的部分。

　　» **变亮**：保留颜色中亮的部分，去除暗色区域，如图3-106所示。

　　» **滤色**：使上层画面中的黑色完全消失，使整体画面变亮，如图3-107所示。

　　» **颜色减淡**：加亮底层颜色，提高对比度，如图3-108所示。

| 图3-106 | 图3-107 | 图3-108 |

　　» **线性减淡（添加）**："滤色"模式和"颜色减淡"模式的组合，在变亮的基础下提高画面的对比度，如图3-109所示。

　　» **浅色**：用上层叠加下层比较暗的区域，与"变亮"模式类似，只不过算法有一定区别，如图3-110所示。

| 图3-109 | 图3-110 |

◇ **对比混合**：与其他混合模式的算法不同，效果结合了"加深"与"减淡"混合模式的特点，上下两层进行混合时50%灰色区域完全消失，高于50%区域的都做"相乘（正片叠底）"处理，低于50%区域的做"滤色"处理。

　　» **叠加**：保留画面中的高光和暗调区域，同时提高对比度，如图3-111所示。

　　» **柔光**：比"叠加"模式更柔和，同时提高画面的对比度，如图3-112所示。

　　» **强光**：类似于"相乘"模式和"滤色"模式的组合，提高对比度的同时加亮底层，如图3-113所示。

图3-111

图3-112

图3-113

> » **亮光：** 类似"颜色加深"模式和"颜色减淡"模式组合的效果，如图3-114所示。

> » **线性光：** "线性减淡"模式与"线性加深"模式的结合，亮度大于50%灰色使用线性减淡，亮度低于50%使用线性加深，如图3-115所示。

图3-114

图3-115

> » **点光：** 类似"变暗"模式与"变亮"模式的结合，可以同时对比两个图层中最亮的颜色和最暗的颜色，如图3-116所示。

> » **强混合：** 增加颜色的饱和度，产生色相分离，如图3-117所示。

图3-116

图3-117

◇ **比较混合：** 用不同的方法比较两个图层的画面，计算出颜色。

> » **差值：** 对比两个图层的像素，若像素一样则显示黑色，否则显示白色，如图3-118所示；若两个图层画面完全一样，则显示全黑。

> » **排除：** 黑色完全不显示，50%灰色不变，白色进行颜色反转，如图3-119所示。

图3-118

图3-119

> » **相减：** 从下层中减去上层，若上层色为黑色，则结果颜色为下层颜色，如图3-120所示。

> » **相除：** 下层色除以上层，若上层为白色，则结果颜色为下层颜色，如图3-121所示。

图3-120

图3-121

◇ **色彩混合：** 利用颜色的处理方法来得到新的颜色。

> » **色相：** 改变上层图像的色相，但不改变其亮度与对比度，如图3-122所示。

> » **饱和度：** 改变上层图像的饱和度，保留底层图片的亮度和颜色，如图3-123所示。

图3-122

图3-123

» **颜色：** 为上层图像改变颜色，同时保留底层图片的亮度和对比度，如图3-124所示。

» **发光度：** 将上层图像中的亮度应用于底层，保留底层图片的色相和饱和度，如图3-125所示。可以添加蒙版，让亮的部分更亮，暗的部分更暗。

图3-124　　　　　　　　　　　图3-125

3.时间重映射

时间重映射可快速对素材进行加速、减速和倒放等变速操作。除了可以在"效果控件"面板中设置时间重映射之外，还可在素材上单击鼠标右键，在快捷菜单中执行"显示剪辑关键帧>时间重映射>速度"命令，如图3-126所示。

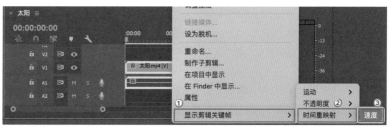

图3-126

在"效果控件"面板中对素材需要进行速度变化的区间设置两个关键帧，即可在"时间轴"面板的此段区间中进行加速操作，如图3-127所示。也可以在"效果控件"面板的时间轴中加快或减慢速度，如图3-128所示。除此之外，时间重映射还可实现视频减速、静止和倒放等效果，将在后面进行讲解。

  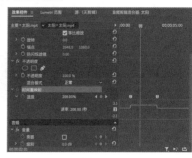

图3-127　　　　　　　　　　　　　　　　　图3-128

3.4.3 音频

在"效果控件"面板中除了可以对视频素材进行调整之外，还可对音频和带有音频的素材进行调整。"音频"部分主要包括"音量""声道音量""声像器"等选项，如图3-129所示。

图3-129

重要参数详解

◇ **旁路：** 默认不勾选，勾选后所做调整均无效，主要用于查看素材更改前后的对比效果。

◇ **级别：** 主要用于音量的增减，默认值为0.0dB。

◇ **左（右）：** 对左（右）声道的音量进行增减调整。

◇ **平衡：** 默认值为0.0；若设置为负数，则右声道音量减小，左声道音量增加；若设置为正数，则左声道音量减小，右声道音量增加。

案例训练：制作三屏和上下模糊效果

素材位置	素材文件＞CH03＞案例训练：制作三屏和上下模糊效果
实例位置	实例文件＞CH03＞案例训练：制作三屏和上下模糊效果
学习目标	掌握"效果控件"面板的用法

本案例训练最终效果如图3-130所示。

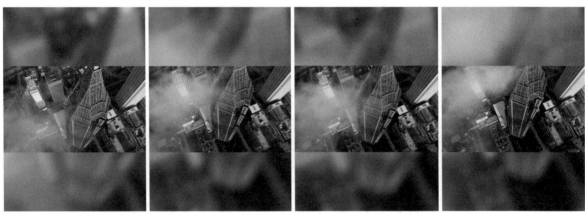

图3-130

01 打开Premiere并新建项目，在"项目"面板的空白处单击鼠标右键，在快捷菜单中执行"新建项目＞序列"命令，设置"帧大小"为1080水平和1920垂直，制作一个竖屏序列，如图3-131所示。

02 将"素材文件＞CH03＞案例训练：制作三屏和上下模糊效果"文件夹中的"城市.mp4"素材导入"项目"面板中，将其拖曳到"时间轴"面板的V1轨道上，在弹出的对话框中单击"保持现有设置"按钮，如图3-132所示。

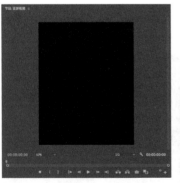

图3-131

图3-132

03 单击"时间轴"面板中的"城市.mp4"素材，调出"效果控件"面板。设置"缩放"为75.0，如图3-133所示。此时已经有了三屏的效果，如图3-134所示。

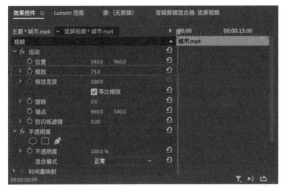
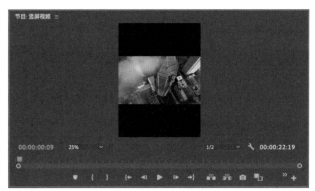

图3-133 图3-134

04 在"时间轴"面板中选择"城市.mp4",按住Alt键向V2轨道拖曳,将其复制一份。单击V1轨道上的素材,调出"效果控件"面板,设置"缩放"为180.0,如图3-135所示,效果如图3-136所示。

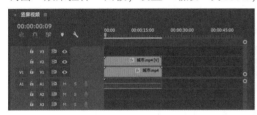

图3-135 图3-136

05 在"效果"面板中找到"高斯模糊"效果并将其拖曳到"时间轴"面板的V1轨道上,设置"高斯模糊"效果中的"模糊度"为70.0,"模糊尺寸"为水平和垂直,勾选"重复边缘像素"复选框,如图3-137所示。最终效果如图3-138所示。

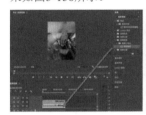

图3-137 图3-138

案例训练：在屏幕中设置多个画面

素材位置　素材文件＞CH03＞案例训练：在屏幕中设置多个画面
实例位置　实例文件＞CH03＞案例训练：在屏幕中设置多个画面
学习目标　掌握"效果控件"面板的用法

本案例训练的最终效果如图3-139所示。

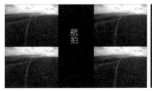

图3-139

01 打开Premiere并新建项目，在"项目"面板的空白处单击鼠标右键，在快捷菜单中执行"新建项目＞序列"命令，设置"可用预设"为HDV 1080p30，单击"确定"按钮，如图3-140所示。

02 将"素材文件＞CH03＞案例训练：在屏幕中设置多个画面"文件夹中的"航拍.mp4"文件导入"项目"面板中，将其拖曳到"时间轴"面板的V1轨道上，在弹出的对话框中单击"保持现有设置"按钮，如图3-141所示。

图3-140　　　　　　　　　　　　　　　　　　　　图3-141

03 在"项目"面板中双击"航拍.mp4"素材，使其出现在"源"面板中，按住"仅拖动视频"按钮并拖曳3次，分别将其拖曳到V2、V3和V4轨道上，如图3-142所示。

图3-142

04 在"时间轴"面板中，单击V4轨道上的视频素材，调出"效果控件"面板。设置"缩放"为50.0，"位置"为（270.0，270.0），如图3-143所示，效果如图3-144所示。

图3-143　　　　　　　　　　　　　　　　　　　　图3-144

05 选择V3轨道上的视频素材，在"效果控件"面板中设置"缩放"为50.0，"位置"为 (1169.0，269.0)，如图3-145所示，效果如图3-146所示。

图3-145　　　　　　　　　　图3-146

06 选择V2轨道上的视频素材，设置"缩放"为50.0，"位置"为 (270.0，815.0)，如图3-147所示，效果如图3-148所示。

图3-147　　　　　　　　　　图3-148

07 选择V1轨道上的视频素材，设置"缩放"为50.0，"位置"为 (1169.0，815.0)，如图3-149所示，效果如图3-150所示。

图3-149　　　　　　　　　　图3-150

08 在菜单栏中执行"文件 > 新建 > 旧版标题"命令，在弹出的"新建字幕"对话框中为此标题命名，单击"确定"按钮（ 确定 ），其他参数保持默认设置，如图3-151所示。

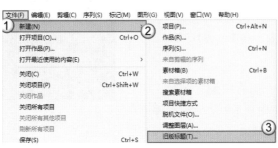

图3-151

09 在"字幕"窗口中为视频添加标题字幕，关闭此面板。在"项目"面板中找到此标题文件并将其拖曳到V5轨道上，如图3-152所示。

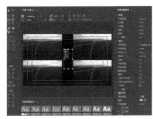

图3-152

10 将V5轨道上的"字幕01"的长度拖曳到与其他轨道视频长度一致，如图3-153所示。最终效果如图3-154所示。

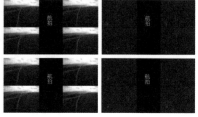

图3-153   图3-154

3.5 音频剪辑混合器

当需要对音频进行调整时，往往会用到"音频剪辑混合器"面板，如图3-155所示。"音频剪辑混合器"面板一般位于"编辑"工作区左上角，在菜单栏中执行"窗口>音频剪辑混合器"命令，打开"音频剪辑混合器"面板，如图3-156所示。

图3-155

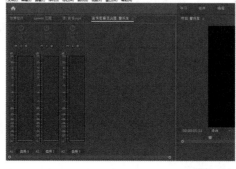

图3-156

在此面板中可以控制各个轨道上音频的音量、声道、静音、独奏等，"音频剪辑混合器"面板中的A1、A2和A3调节器分别对应"时间轴"面板中的A1、A2和A3轨道，当需要调整A1轨道上音频的音量时，在"音频剪辑混合器"面板中找到A1轨道音频即可对其进行音量调整，如图3-157所示。

重要参数详解

L与R分别表示左声道和右声道，通过拨轮 进行调整，可更改声道，也可以通过修改拨轮下方的数值来更改声道，负数为左声道，正数为右声道，利用该功能可以做出类似于3D音效的效果。

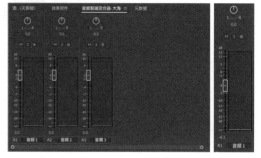

图3-157

◇ **静音轨道 M：**单击启用该按钮即可对相应轨道上的音频进行静音处理。

◇ **独奏轨道 S：**单击启用该按钮即可对相应轨道上的音频进行独奏处理。

◇ **写关键帧 ：**利用该按钮可以对音频进行关键帧的添加和设置，例如，对音量进行关键帧处理，可以控制音乐在视频中的音量变化。

技巧提示：修改音频的要点

在"音频剪辑混合器"面板中所做的更改，均可在"效果控件"面板中找到相应信息，如图3-158所示。因此在"音频剪辑混合器"面板中对音频进行更改与在"效果控件"面板中进行更改是一样的。

在"音频剪辑混合器"和"音轨混合器"面板中都可以进行调节音频声道、设置音频的效果和录制音频等操作。前者控制剪辑素材的音量，后者控制音频轨道上的整体音量。

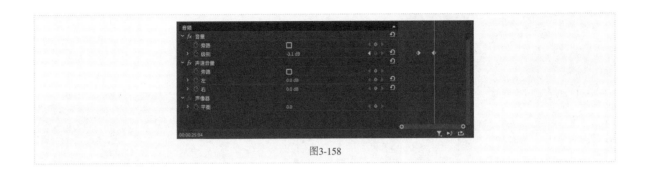

图3-158

3.6 元数据

"元数据"面板一般位于"编辑"工作区的左上角，在Premiere中选择某段素材后即可打开其"元数据"面板，在菜单栏中执行"窗口＞元数据"命令即可打开"元数据"面板，如图3-159所示。

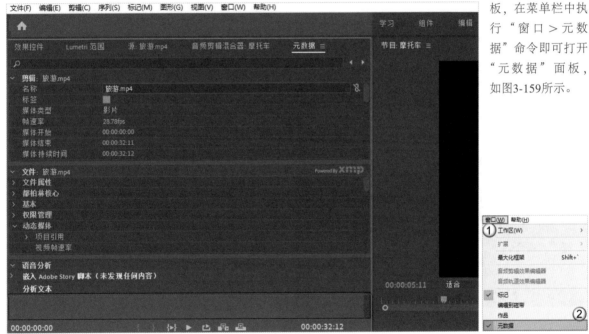

图3-159

"元数据"面板将素材的信息分为"剪辑"和"文件"两部分，分别对应素材在剪辑中和在原始文件中的详细信息。面板中显示素材的帧速率、视频出入点、拍摄日期、拍摄设备等原始数据，可以对相关参数进行修改，不会影响原始文件，如图3-160所示。

图3-160

在"元数据"面板中可以随时修改和调用相关信息，能够提高工作效率。例如，在剪辑时会遇到不知道素材的帧速率的情况，此时就可以在"元数据"面板中找到相应素材的帧率信息，同时也可以看到相应素材的创建时间和修改时间，如图3-161所示。

图3-161

3.7 媒体浏览器

"媒体浏览器"面板一般位于"编辑"工作区的左下角，在菜单栏中执行"窗口 > 媒体浏览器"命令可以打开"媒体浏览器"面板，如图3-162所示。

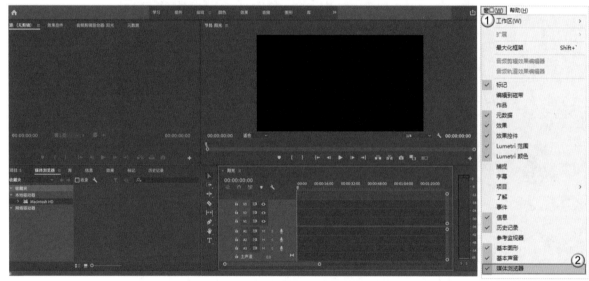

图3-162

通过"媒体浏览器"面板可快速查看计算机上的媒体文件，并对其进行预览和导入等快捷操作。拖曳视频下方的滑块可对视频进行快速预览，如图3-163所示。在素材上单击鼠标右键，在快捷菜单中可以执行"导入"和"在源监视器中打开"等命令，如图3-164所示。

除此之外，还可以单击面板底部的"列表视图"按钮与"缩览图视图"按钮切换素材显示方式，在缩览图模式下可拖动滑块调整文件夹图标大小，如图3-165所示。

图3-163

图3-164

图3-165

第4章 了解关键帧的重要性

■ 学习目的

关键帧在视频制作中是一个非常重要的概念，运用关键帧来改变物体的位置、运动、缩放和不透明度，可以实现多种效果和动画的制作，能让视频有更多的变化，避免单调、沉闷。

■ 主要内容

· 理解什么是关键帧　　　　　　· 掌握使用关键帧创建动画的方法

· 熟练掌握关键帧的操作方法　　· 利用案例掌握关键帧的原理

4.1 什么是关键帧

前面已经学习了"帧"的概念，帧即动画中最小单位的单幅画面，视频就是由多张连续的帧所组成的。"关键帧"即在画面中起关键作用的帧，通过关键帧的参数设置可以使画面运动起来。任何可以改变的参数都能够设置关键帧动画，例如，对"位置"设置关键帧动画，只需将起始帧和结束帧分别设置为不同的位置，两帧之间的动画会由Premiere自动生成，如图4-1所示。

图4-1

技巧提示：关键帧动画的原理

一般来说，至少需要两个关键帧才能构成运动的画面，例如，要设置"缩放"关键帧动画，需要设置缩放开始和缩放结束关键帧，Premiere会自动完成从开始到结束这两个关键帧中间的运动过程，如图4-2所示。

图4-2

4.2 如何创建关键帧

Premiere中有多种创建关键帧的方法，可以通过"效果控件"面板、"节目"面板和"时间轴"面板进行关键帧的创建。

4.2.1 在"效果控件"面板中创建关键帧

要通过"效果控件"面板来创建关键帧，应先选择需要创建关键帧的素材，然后调出其"效果控件"面板，如图4-3所示。

可以看到，在"效果控件"面板中每一项可修改参数前都有一个像秒表一样的按钮，此按钮即"切换动画"按钮◎，单击此按钮便可启用关键帧，再次单击可取消关键帧。启用关键帧后对素材参数进行修改时，Premiere会自动创建关键帧，如图4-4所示。也可以先拖曳时间线到想要创建关键帧的位置，再修改具体参数来自动创建关键帧，如图4-5所示。

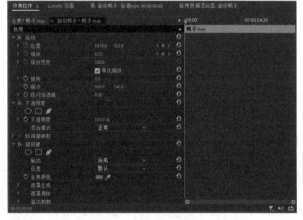

图4-3

图4-4

图4-5

如果想要创建相同的关键帧，可以在拖曳时间线后单击"创建/移除关键帧"按钮█来手动创建关键帧，如图4-6所示。

技术专题： **如何使用"添加/移除关键帧"按钮█创建不同参数的关键帧**

使用"添加/移除关键帧"按钮█所创建的关键帧默认参数与前一关键帧相同，若要进行修改，需选择此关键帧后在"效果控件"面板中修改其参数。

图4-6

4.2.2 在"节目"面板中创建关键帧

除了可以在"效果控件"面板中添加和创建关键帧外，还可以在"节目"面板中直观地添加和创建关键帧。以"位置"效果为例，在"效果控件"面板中单击"位置"关键帧的"切换动画"按钮█，如图4-7所示。

此时拖曳时间线到想要创建第2个关键帧的位置，接着在"节目"面板中的素材上双击，就可以随意拖曳修改第2个关键帧的位置，如图4-8、图4-9和图4-10所示。

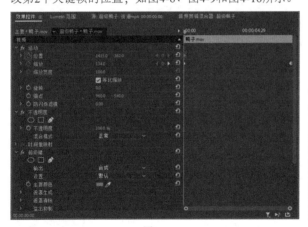

图4-7

图4-8

图4-9

图4-10

4.2.3 在"时间轴"面板中创建关键帧

除了以上两种方法外，还可以在"时间轴"面板中添加和创建关键帧。在"时间轴"面板中想要添加关键帧的素材前的空白位置处双击，如图4-11所示，此时该轨道会展开，选择该素材并单击鼠标右键，在快捷菜单中可以看到"显示剪辑关键帧"命令，在此命令中可以设置"运动""不透明度""时间重映射""超级键"的关键帧，如图4-12所示。

图4-11　　　　　　　　　　　　　　　　　　图4-12

在快捷菜单中执行"显示剪辑关键帧>不透明度>不透明度"命令，可以看到素材上出现一条直线，如图4-13所示。这条线表示"不透明度"参数为100.0%，将时间线拖曳到想要创建关键帧的位置，单击前方的"添加/移除关键帧"按钮，为素材的不透明度设置关键帧，如图4-14所示。

图4-13　　　　　　　　　　　　　　　　　　图4-14

拖曳时间线至另一位置，单击"添加/移除关键帧"按钮，如图4-15所示。选择任意关键帧，按住鼠标左键上下拖曳即可修改不透明度，如图4-16所示。

图4-15　　　　　　　　　　　　　　　　　　图4-16

4.3 编辑关键帧

在进行视频处理的时候，通常会对关键帧进行一系列操作，如移动关键帧位置、删除多余的关键帧、复制关键帧等。

4.3.1 移动关键帧

在Premiere中，关键帧可以单个移动，也可以多个一起移动。使用"移动工具"▶在任意包含关键帧的位置单击，选择关键帧即可将其左右移动，如图4-17所示。也可以按住鼠标左键拖曳，框选多个关键帧后同时进行移动，如图4-18所示。

当有多个关键帧时，可以通过单击"转到上一关键帧"按钮◀和"转到下一关键帧"按钮▶来选择关键帧并进行移动，如图4-19所示。

图4-17　　　　　　　　　　图4-18　　　　　　　　　　图4-19

4.3.2 删除关键帧

当Premiere中出现多余或错误的关键帧时，需要对这些关键帧进行删除操作。选择需要删除的单个或多个关键帧，按Delete键或Backspace键即可删除此关键帧，也可以选择需要删除的关键帧后单击鼠标右键，在快捷菜单中执行"清除"命令删除关键帧，如图4-20所示。还可以选择关键帧后单击关键帧前的"添加/移除关键帧"按钮◆删除关键帧，如图4-21所示。

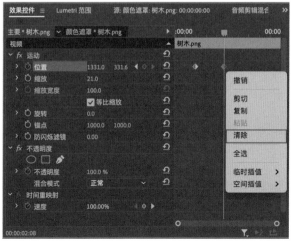

图4-20　　　　　　　　　　　　　　　　　　　图4-21

4.3.3 复制关键帧

通过复制、粘贴关键帧，可以快速对同一素材添加关键帧，也可以对不同素材应用相同的动画效果，提高动画制作的效率，节省动画制作时间，复制、粘贴关键帧的方法有以下3种。

第1种： 选择要复制的关键帧，通过复制（快捷键Ctrl＋C）和粘贴（快捷键Ctrl＋V）操作复制关键帧。

第2种： 选择关键帧后单击鼠标右键，在快捷菜单中执行"复制"和"粘贴"命令，如图4-22和图4-23所示。

第3种： 按住Alt键和鼠标左键拖曳想要复制的关键帧至需要的位置，如图4-24所示。

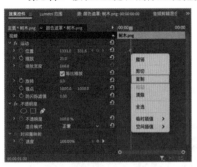
图4-22

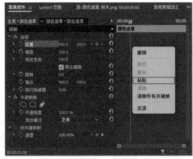
图4-23

图4-24

技术专题：为什么无法进行"粘贴"操作

可能是因为对不同效果进行此操作，不同效果之间不能粘贴关键帧；也可能是因为没有打开关键帧开关 ⚙，如果进行粘贴操作的关键帧是不同素材的，一定要注意是否打开了关键帧开关，只有当关键帧开关打开时才能进行关键帧的操作，打开时按钮应为蓝色 ⚙。

4.4 关键帧插值

插值是在两个已知值之间填充未知数据的过程，关键帧插值可以在两个关键帧之间控制关键帧速度变化的状态。在Premiere中，关键帧插值分为"临时插值"和"空间插值"。两种插值都控制关键帧之间的动画效果："临时插值"也可以看作"时间"插值，主要影响关键帧之间的时间变化，例如，是直线形态的时间变化，还是有快慢之分的时间变化；"空间插值"则影响关键帧之间的空间上的运动变化，例如路径是直线还是曲线，如图4-25所示。

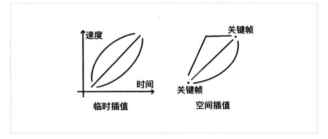
图4-25

4.4.1 临时插值

"临时插值"用来控制关键帧在时间上的速度变化，包括"线性""贝塞尔曲线""自动贝塞尔曲线""连续贝塞尔曲线""定格""缓入""缓出"7个选项。

1.线性

　　"线性"插值的作用主要是让关键帧之间进行匀速变化，可以让动画效果更加平缓。当素材已经添加两个及以上关键帧时单击鼠标右键，在快捷菜单中执行"临时插值>线性"命令即可使用"线性"插值，如图4-26所示。

2.贝塞尔曲线

　　使用"贝塞尔曲线"插值可以手动调节关键帧的变化速率，为素材添加关键帧后单击鼠标右键，在快捷菜单中执行"临时插值＞贝塞尔曲线"命令，如图4-27所示，在"节目"面板中可以拖曳锚点来调节关键帧的变化速率和状态，如图4-28所示。

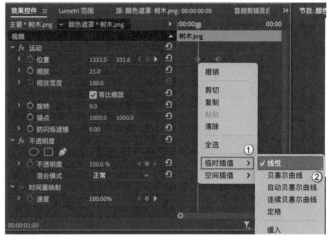

图4-26

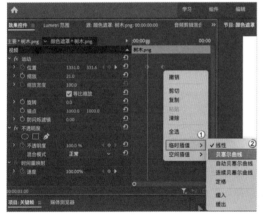

图4-27

图4-28

3.自动贝塞尔曲线

　　使用"自动贝塞尔曲线"插值能够调整关键帧的速率变化和平滑的效果。选择关键帧后单击鼠标右键，在快捷菜单中执行"临时插值>自动贝塞尔曲线"命令，如图4-29所示，在"节目"面板中可以拖曳锚点来改变曲线的弯曲程度，如图4-30所示。

图4-29

图4-30

4.连续贝塞尔曲线

使用"连续贝塞尔曲线"插值能够使关键帧实现速率变化更加平滑的效果，选择关键帧后单击鼠标右键，在快捷菜单中并执行"临时插值>连续贝塞尔曲线"命令，如图4-31所示，在"节目"面板中可以拖曳锚点来改变动画效果，如图4-32所示。

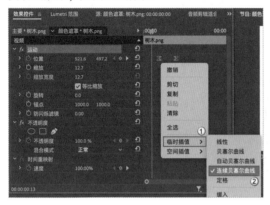

图4-31

图4-32

5.定格

使用"定格"插值可以让两个关键帧之间的运动过程被省略，类似于瞬时的变化，即直接从A状态改变到B状态而不产生过渡。选择关键帧后单击鼠标右键，在快捷菜单中执行"临时插值>定格"命令即可使用"定格"插值，如图4-33所示。

6.缓入

使用"缓入"插值可以让画面以更缓慢的速度进入关键帧。选择关键帧后单击鼠标右键，在快捷菜单中执行"临时插值>缓入"命令即可使用"缓入"插值，如图4-34所示。

7.缓出

使用"缓出"插值可以让画面以更快速的速度离开关键帧。选择关键帧后单击鼠标右键，在快捷菜单中执行"临时插值>缓出"命令即可使用"缓出"插值，如图4-35所示。

图4-33

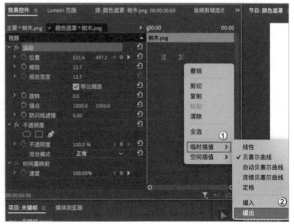

图4-34

图4-35

4.4.2 空间插值

与"临时插值"不同,"空间插值"控制关键帧在空间上的变化,例如,关键帧之间的变化是直线还是曲线。"空间插值"包括"线性""贝塞尔曲线""连续贝塞尔曲线"3个选项。

1.线性

"线性"插值是一种关键帧之间较为直接的过渡变化方式,一般为直线,如图4-36所示。

2.贝塞尔曲线

使用"贝塞尔曲线"插值可以让关键帧之间的过渡以曲线进行,动作效果更加柔和,如图4-37所示。

3.连续贝塞尔曲线

"连续贝塞尔曲线"插值实现的效果与"贝塞尔曲线"插值相同,能够以平缓的效果实现关键帧之间的动画。当拖曳锚点调节贝塞尔曲线的弯曲程度时,贝塞尔曲线会自动转化为连续贝塞尔曲线,如图4-38所示。

图4-36

图4-37

图4-38

掌握关键帧的基础知识之后,便可通过设置素材的各种参数的关键帧来创建多种动画。下面将通过几个案例来详细讲解动画制作的思路和如何通过对关键帧的调节来制作动画。

案例训练:制作动态水印

素材位置	素材文件＞CH04＞案例训练:制作动态水印
实例位置	实例文件＞CH04＞案例训练:制作动态水印
学习目标	掌握"位置"关键帧的用法

本案例训练最终效果如图4-39所示。

图4-39

01 打开Premiere并新建项目，将"素材文件＞CH04＞案例训练：制作动态水印"文件夹中的"绝美风景.mp4"文件导入"项目"面板中，将其拖曳到"时间轴"面板中创建序列，如图4-40所示。

02 使用"文字工具" **T** 在"节目"面板中输入文字"绝美风景"，将其作为水印，如图4-41所示。在"时间轴"面板中调整文字图层长度，使其与V1轨道上的素材长度一致，如图4-42所示。

图4-40

图4-41

图4-42

03 单击"绝美风景"文字图层，调出"效果控件"面板，对水印文字的"文字大小"等参数进行修改，勾选"文本"选项的"描边"复选框并设置其描边颜色为黑色（R:0,G:0,B:0），大小为25.0，如图4-43所示。

04 调整和设置水印效果。设置"不透明度"为40.0％，如图4-44所示。将时间线拖曳到00:00:00:00处后单击"位置"的"切换动画"按钮 添加关键帧。将时间线拖曳到00:00:10:00处并设置"位置"为（2150.0,540.0），如图4-45所示。

图4-43

图4-44

图4-45

05 将时间线拖曳至00:00:20:00处并设置"位置"为（2150.0,1390.0），如图4-46所示。将时间线拖曳至00:00:30:00处并设置"位置"为（960.0,1390.0），如图4-47所示。

图4-46

图4-47

06 将时间线拖曳至00:00:37:29处，设置"位置"为（960.0，540.0），如图4-48所示。水印会按照顺序在视频的四角移动，最终效果如图4-49所示。

图4-48　　　　　　　　　　　　　　　　　　　　　图4-49

案例训练：制作VCR播放效果

素材位置　素材文件＞CH04＞案例训练：制作VCR播放效果
实例位置　实例文件＞CH04＞案例训练：制作VCR播放效果
学习目标　掌握"不透明度"关键帧的用法

本案例训练的最终效果如图4-50所示。

图4-50

01 打开Premiere并新建项目，将"素材文件＞CH04＞案例训练：制作VCR播放效果"文件夹中的"自拍.mp4"素材导入"项目"面板，并将其拖曳到V1轨道上，如图4-51所示。

图4-51

02 在菜单栏中执行"文件＞新建＞旧版标题"命令，如图4-52所示。在弹出的"新建字幕"对话框中设置"名称"为字幕01，其他设置保持默认，单击"确定"按钮 **确定** 完成创建，如图4-53所示。

图4-52

图4-53

03 在"字幕"窗口中选择工具栏中的"椭圆工具" ⬤，然后按住Shift键并拖曳鼠标左键，在画面左上角绘制一个圆形，如图4-54所示。

图4-54

04 单击右侧"旧版标题属性"面板中"填充"选项中的"颜色"按钮，在弹出的"拾色器"对话框中选择红色（R:255，G:4，B:4），单击"确定"按钮 **确定** ，如图4-55所示。

图4-55

05 回到"字幕"窗口中，选择工具栏中的"文字工具" T，在所画圆形右侧输入"REC"文字并调整字体和大小，如图4-56所示。完成后关闭此窗口即可。在"项目"面板中找到"字幕01"文件并将其拖曳到V2轨道上，设置其持续1.00秒，如图4-57所示。

图4-56

图4-57

06 单击"字幕01"，调出"效果控件"面板。将时间线拖曳到起始位置，设置"不透明度"为100.0%，单击"切换动画"按钮 ⬤ 设置关键帧，如图4-58所示。

07 将时间线拖曳至00:00:01:00处，单击"添加/移除关键帧"按钮 ⬤ ，设置"不透明度"为100.0%，如图4-59所示。将时间线拖曳至00:00:00:12处，设置"不透明度"为0.0%，如图4-60所示。选择所有关键帧并单击鼠标右键，在快捷菜单中执行"连续贝塞尔曲线"命令，如图4-61所示。

图4-58

图4-59

图4-60

图4-61

08 在"时间轴"面板中单击"锁定轨道"按钮📷将V1轨道锁定，复制"字幕01"并调整其长度，使其完全覆盖"自拍.mp4"文件，如图4-62所示。

09 单击V1轨道上的"解除锁定"按钮📷，在右侧"效果"面板中找到"时间码"效果，将其拖曳到"自拍.mp4"素材上，如图4-63所示。最终效果如图4-64所示。

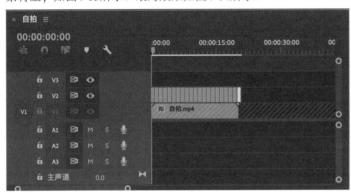
图4-62

图4-63

图4-64

案例训练：制作进度条动画

素材位置　无
实例位置　实例文件＞CH04＞案例训练：制作进度条动画
学习目标　掌握蒙版关键帧的用法

本案例训练的最终效果如图4-65所示。

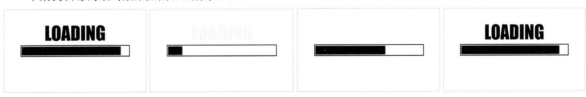
图4-65

01 打开Premiere并新建项目，在"项目"面板中单击右下角的"新建项"按钮■，在弹出的菜单中执行"颜色遮罩"命令，新建一个颜色遮罩作为背景，如图4-66所示。在弹出的"新建颜色遮罩"对话框中单击"确定"按钮█ 确定█，并在弹出的"拾色器"对话框中选择白色（R:255，G:255，B:255）作为背景色，单击"确定"按钮█ 确定█完成创建，如图4-67所示。

图4-66   图4-67

02 将"项目"面板中的"颜色遮罩"拖曳至V1轨道上，如图4-68所示。在菜单栏中执行"文件＞新建＞旧版标题"命令，将其命名为"字幕01"，单击"确定"按钮█ 确定█完成创建，如图4-69所示。

图4-68   图4-69

03 在弹出的"字幕"窗口中使用"矩形工具"■绘制一个矩形，在左侧工具栏中单击"中心"下的"左右居中"按钮▣与"上下居中"按钮▣使图像居中，在右侧"旧版标题属性"面板中设置"填充"的"颜色"为黑色（R:0，G:0，B:0），如图4-70所示，关闭此窗口完成创建。在"项目"面板中将"字幕01"拖曳到V2轨道上作为内部填充条，如图4-71所示。

图4-70   图4-71

04 在菜单栏中执行"文件＞新建＞旧版标题"命令，将字幕命名为"字幕02"，然后在"字幕"面板中使用"矩形工具"■绘制一个比"字幕01"中矩形稍大的矩形并居中放置。在右侧"旧版标题属性"面板中取消勾选"填充"复选框，单击"内描边"的"添加"按钮添加添加效果，关闭此窗口完成创建，如图4-72所示。

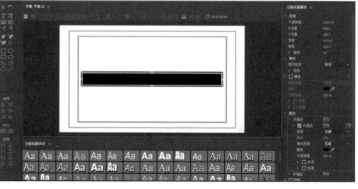

图4-72

05 在"项目"面板中将"字幕02"拖曳至V3轨道上,如图4-73所示。选择"字幕01",调出"效果控件"面板,将时间线拖曳至最后,使用"创建4点多边形蒙版"工具█在"节目"面板中绘制一个比"字幕01"中的矩形大的矩形,如图4-74所示。

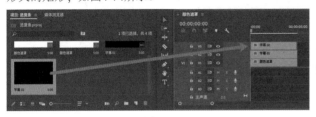

图4-73 图4-74

06 单击"蒙版路径"前面的"切换动画"按钮█,在此位置添加关键帧,如图4-75所示。将时间线拖曳到起始位置,再次单击"蒙版路径",将矩形蒙版右侧两点向左拖曳到"字幕01"之外的位置,如图4-76所示。

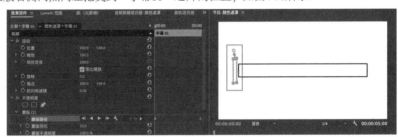

图4-75 图4-76

07 在菜单栏中执行"文件>新建>旧版标题"命令,在"字幕"窗口中输入文字"LOADING"并设置其颜色为黑色(R:0,G:0,B:0),调整文字大小、位置和样式,关闭此窗口完成创建,如图4-77所示。

图4-77

08 在"项目"面板中将"字幕03"拖曳到"时间轴"面板的V4轨道上,如图4-78所示。选择"字幕03",调出"效果控件"面板,将时间线拖曳到00:00:00:00处,单击"不透明度"前面的"切换动画"按钮█为其添加关键帧,如图4-79所示。

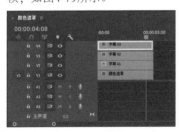

图4-78 图4-79

09 由于需要制作文字呼吸效果,因此将时间线拖曳到00:00:01:00处,设置"不透明度"为0.0%,在00:00:02:00处设置"不透明度"为100.0%,在00:00:03:00处设置"不透明度"为0.0%,最后在00:00:04:00处设置"不透明度"为100.0%,如图4-80所示。

10 为了使文字动画更加自然，选择所有关键帧并单击鼠标右键，在快捷菜单中执行"自动贝塞尔曲线"命令，如图4-81所示。最终效果如图4-82所示。

图4-80

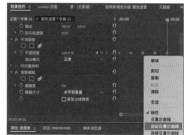
图4-81

图4-82

4.5 综合训练

接下来通过两个综合训练，巩固关键帧的使用方法。

综合训练：制作自行车移动动画

素材位置	素材文件＞CH04＞综合训练：制作自行车移动动画
实例位置	实例文件＞CH04＞综合训练：制作自行车移动动画
学习目标	掌握关键帧的用法

本综合训练最终效果如图4-83所示。

图4-83

01 打开Premiere并新建项目，将"素材文件＞CH04＞综合训练：制作自行车移动动画"文件夹中的"公路.png"素材和"骑车.png"素材导入"项目"面板中，将"公路.png"拖曳至时间轴V1轨道上创建序列，然后将"骑车.png"拖曳至时间轴的V2轨道上，如图4-84所示。

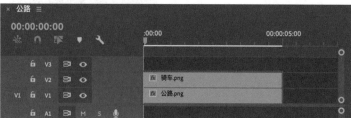
图4-84

02 拖曳时间线到00:00:00:00处，选择"骑车.png"，在"节目"面板中双击，拖曳"骑车.png"，将其放置在马路左端，如图4-85所示。在"效果控件"面板中单击"位置"前面的"切换动画"按钮◎，设置"位置"关键帧作为骑行的起点，如图4-86所示。

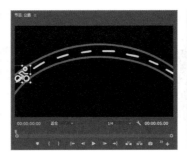 

图4-85　　　　　　　　　　图4-86

03 将时间线拖曳到00:00:02:10处，选择"骑车.png"，在"节目"面板中双击，拖曳"骑车.png"至马路中间位置，如图4-87所示。将时间线拖曳到00:00:04:24处，拖曳"骑车.png"至马路末端位置，作为骑行的结束点，如图4-88所示。

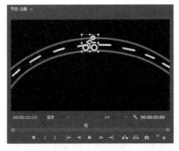 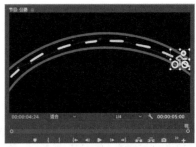

图4-87　　　　　　　　　　图4-88

04 在"效果控件"面板的时间轴上选择所有关键帧后单击鼠标右键，在快捷菜单中执行"空间插值＞贝塞尔曲线"命令，如图4-89所示。在"节目"面板中调整关键帧的锚点，使其运动曲线与道路贴合，如图4-90所示。

 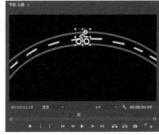

图4-89　　　　　　　　　　图4-90

05 回到"项目"面板中，导入"素材文件＞CH04＞综合训练：制作自行车骑行动画"文件夹中的"树木.png"素材和"房子.png"素材，分别将其拖曳到"时间轴"面板的V3轨道和V4轨道上，对整体画面进行点缀，如图4-91所示。

图4-91

06 在"时间轴"面板中单击V3轨道上的"房子.png"，调出"效果控件"面板，设置"位置"为（235.0，200.0），"缩放"为215.0，"旋转"为－24°，如图4-92所示。在"树木.png"素材的"效果控件"面板中设置"位置"为（1540.0，170.0），"缩放"为130.0，如图4-93所示，最终效果如图4-94所示。

图4-92

图4-93
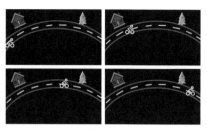

图4-94

综合训练：制作关注动画

素材位置	素材文件＞CH04＞综合训练：制作关注动画
实例位置	实例文件＞CH04＞综合训练：制作关注动画
学习目标	掌握关键帧的用法

本综合训练最终效果如图4-95所示。

图4-95

01 打开Premiere并新建项目，将"素材文件＞CH04＞综合训练：制作关注动画"文件夹中的"喜欢.png"素材和"头像.jpg"素材导入"项目"面板中，如图4-96所示。

02 在"项目"面板中单击鼠标右键，在快捷菜单中执行"新建项目＞序列"命令新建一个序列，在"新建序列"对话框中设置"序列预设"为HDV 1080p30，设置序列名称，单击"确定"按钮 确定 ，完成序列的创建，如图4-97所示。

图4-96   图4-97

03 将"头像.jpg"拖曳至时间轴中的V1轨道上，在"效果控件"面板中找到"不透明度"中的"绘制椭圆形蒙版"，按住Shift键和鼠标左键拖曳，为头像创建一个圆形蒙版，设置"蒙版羽化"为0.0，如图4-98和图4-99所示。

图4-98   图4-99

04 在菜单栏中执行"文件>新建>旧版标题"命令,如图4-100所示。在"字幕"窗口的工具栏中使用"椭圆工具"○为头像绘制圆形边框,在右侧的"旧版标题属性"面板中取消勾选"填充"复选框,勾选"内描边"复选框并设置"颜色"为白色(R:255,G:255,B:255),"大小"为10.0,如图4-101所示。

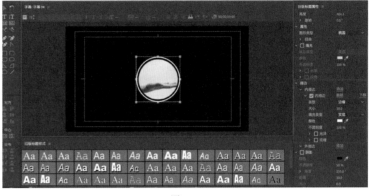

图4-100   图4-101

05 绘制完成后关闭此窗口,在"项目"面板中找到设置的"字幕01",将其拖曳至时间轴中的V2轨道上,选择"头像.jpg"和"字幕01"后单击鼠标右键,在快捷菜单中执行"嵌套"命令,将其命名为"嵌套序列01",单击"确定"按钮■确定■完成嵌套,如图4-102所示。

06 拖曳时间线至00:00:00:00处,在"效果控件"面板中设置"缩放"为0.0,"旋转"为180.0°,创建关键帧;将时间线拖曳至00:00:01:00处,设置"缩放"为100.0,"旋转"为0.0°,如图4-103所示。

图4-102   图4-103

07 在菜单栏中执行"文件>新建>旧版标题"命令,在"字幕"窗口中使用"椭圆工具"○在头像下方绘制一个圆形后关闭此窗口,如图4-104所示。新建一个"字幕",使用"圆角矩形工具"□绘制一个红色(R:255,G:0,B:0)的加号➕后关闭此窗口,如图4-105所示。

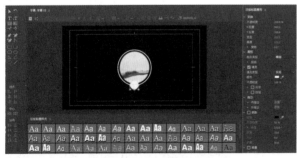

图4-104   图4-105

08 再次新建"旧版标题",使用"圆角矩形工具"□绘制一个红色(R:255,G:0,B:0)的钩✔,如图4-106所示。将"字幕02""字幕03""字幕04""喜欢.png"分别拖曳至时间轴中的V2、V3、V4和V5轨道上,如图4-107所示。

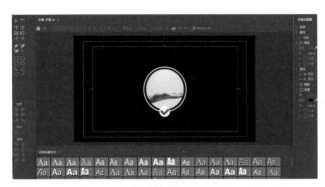

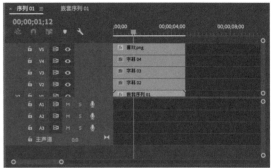

图4-106 图4-107

09 为了便于观察，先隐藏V3、V4和V5轨道。拖曳时间线到00:00:00:00处，选择"字幕02"，调出"效果控件"面板。设置"缩放"为0.0，"不透明度"为0.0%。将时间线拖曳至00:00:01:00处，设置"缩放"为100.0，"不透明度"为100.0%，如图4-108所示。

10 显示V3轨道，按照同样的方法对V3轨道中的素材进行关键帧设置。拖曳时间线到00:00:00:00处，设置"缩放"为0.0，"不透明度"为0.0%。拖曳时间线到00:00:01:15处，设置"缩放"为100.0，"不透明度"为0.0%，如图4-109所示。

图4-108 图4-109

11 选择V4轨道上的素材，拖曳时间线到00:00:01:15处，设置"不透明度"为0.0%，添加关键帧。将时间线拖曳到00:00:02:00处，设置"不透明度"为100.0%，添加关键帧，如图4-110所示。

12 显示并选择V5轨道上的素材，调出"效果控件"面板，拖曳时间线到00:00:01:00处，添加关键帧，设置"不透明度"为0.0%。将时间线拖曳到00:00:01:15处，设置"不透明度"为100.0%，如图4-111所示，最终效果如图4-112所示。

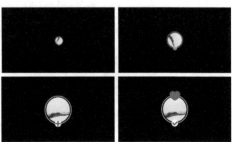

图4-110 图4-111 图4-112

第 **5** 章 文本图形的编辑

第 **5** 章

■ **学习目的**

　　文字不仅可以帮助传达信息，还可以作为一种重要的设计元素，对画面起到极其重要的补充作用。在任何一个作品中，文字都是必不可少的，它与其他元素共同参与整个作品视觉造型的组织和编排，最终形成一个完整的作品。

■ **主要内容**

· 认识字幕和文字　　　　　　　　　· 了解文字效果的作用

· 能够在实际中应用的各种文字效果　　· 能够使用文字制作出多种效果

5.1 认识文字

文字作为一种设计元素，可以在很大程度上提升作品的设计感，例如，在视频开头需要用文字创建标题，在视频过程中需要用文字进行辅助介绍，在视频末尾需要用文字制作片尾等。文字的应用非常多，通过对文字的排版，能制作出各种各样的设计效果，如图5-1所示。

图形也属于文字的一部分，图形在设计中的地位非常重要，通过创建和编辑图形，可以模拟和制作各种各样的效果。例如通过文字和图形的组合，可以制作字幕条并将其应用到新闻、采访等多种类型的视频中，如图5-2所示。

图5-1   图5-2

5.2 文字工具

在Premiere中通常使用"文字工具" **T** 进行文字的创建，创建的文字将会以图层的方式显示，在此图层上可对其进行相应的设置。

5.2.1 如何使用"文字工具"

在"节目"面板中可以直接使用"文字工具" **T** 进行文字的创建，如图5-3所示。使用"文字工具" **T** 创建的文字将会以"图形"图层的方式显示，如图5-4所示。

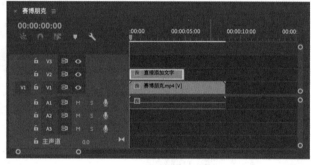

图5-3   图5-4

5.2.2 基本参数介绍

使用"文字工具" **T** 新建文本后，可以在"效果控件"面板中对其进行调整。接下来就对使用"文字工具" **T** 创建的文字进行调整。创建的文字以"图形"图层的方式显示在"效果控件"面板中，如图5-5所示。

图5-5

1.矢量运动

可以对创建的文字进行"位置"和"缩放"等参数的设置，如图5-6所示。

2.文本

可以对创建的文字进行各种参数的调整，可调整参数如图5-7所示。展开"源文本"选项，可对创建的文字进行样式及排版等设置，如图5-8所示。

图5-6

图5-7

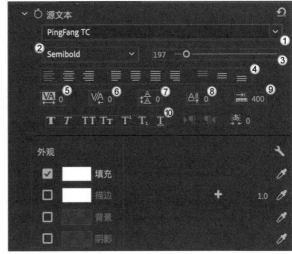

图5-8

重要参数详解

◇ **字体：**单击"字体"下拉按钮，可对字体进行选择。

◇ **字体样式：**可选择字体样式，不同的字体有不同的设置，如图5-9所示。

◇ **字体大小：**可对字体大小进行设置，默认字体大小为100，可在此基础上对字体大小进行放大或缩小。

◇**对齐方式：** 从左至右分别为"左对齐文本""居中对齐文本""右对齐文本"；从左至右分别为"最后一行左对齐""最后一行居中对齐""对齐""最后一行右对齐"；从左至右分别为"顶对齐文本""居中对齐文本垂直""底对齐文本"。

◇ **字距调整：**调整多个文字的水平相隔距离。

◇ **字偶间距：**调整特定字母组合之间的距离。

◇ **行距：**调整多段文本的行与行之间的距离。

◇ **基线位移：**调整与其他文字在基线上的相对位移。

◇ **制表符宽度：**调整制表符的宽度。

◇ **仿粗体：**可对字体进行加粗。

◇ **仿斜体：**可以使字体倾斜。

◇ **全部大写字母：**可以使所有字母变为大写。

◇ **小型大写字母：**可以使字母变为小型的大写字母。

◇ **上标：**可以将文字设置为上标。

◇ **下标：**可将文字设置为下标。

◇ **下划线：**可以为文字设置下划线。

往下即为外观设置，在该设置中可对文字的外观进行设置。

◇ **填充：**可以对文字的填充颜色进行设置，单击颜色区域可为其选取颜色，单击右侧"吸管工具"可在监视器中吸取颜色，如图5-10所示。

图5-9

◇ **描边：** 可对文字的边缘设置描边效果，单击颜色区域可设置描边颜色，还可在右侧对描边宽度进行设置，如图5-11所示。

图5-10　　　　　　　　　　　　　　　　　　　图5-11

◇ **背景：** 可为文字区域设置背景色，选择颜色后可拖曳▧按钮后的滑块设置不透明度，还可以拖曳▣按钮后的滑块设置背景颜色的深浅，如图5-12所示。

◇ **阴影：** 可对素材进行阴影设置，拖曳◹按钮后的滑块可对阴影角度进行设置，拖曳▣按钮后的滑块可对阴影距离进行设置，拖曳⌐按钮后的滑块可对阴影模糊程度进行设置，如图5-13所示。

◇ **文本蒙版：** 勾选后可让文本作为蒙版显示在视频中，若勾选"反转"复选框，则文本以外区域作为蒙版显示在视频中，如图5-14所示。

图5-12　　　　　　　　　　　图5-13　　　　　　　　　　　图5-14

技巧提示：对文字进行关键帧设置

展开"变换"选项可对文字的"位置""缩放""旋转"等参数进行关键帧设置，如图5-15所示。

图5-15

5.3　旧版标题

旧版标题是Premiere中创建文字和图形的工具，该工具功能很强大。读者可以在"字幕"窗口中进行文本和图形的创建等操作，如图5-16所示。

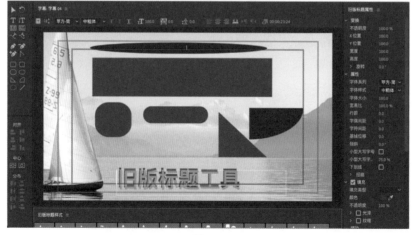

图5-16

5.3.1 如何使用旧版标题

此功能在较低的版本中可通过创建标题命令实现，新版本中去除了直接创建的命令，因此被称为旧版标题。旧版标题虽然是旧版本的功能，但功能齐全，并且可以做出多种样式，因此仍被广泛使用。在菜单栏中执行"文件 > 新建 > 旧版标题"命令，如图5-17所示，弹出"新建字幕"对话框。

在"新建字幕"对话框中可以对视频的"宽度"和"高度"进行设置，还可以对"时基"和"像素长宽比"进行设置。新建的字幕名称默认会根据字幕创建的次数进行设置，也可以自定义名称，如图5-18所示。单击"确定"按钮　确定，可打开"字幕"窗口编辑字幕样式。

图5-17

图5-18

5.3.2 基本参数介绍

在"字幕"窗口中可以对字幕样式进行设置，左侧的工具栏中有丰富的工具可供使用，如图5-19所示。

图5-19

◇ **选择工具**：可以选择所绘制的文字或图形。

◇ **旋转工具**：可以对绘制的文字或图形进行旋转操作。

◇ **文字工具**：可以执行输入文字的操作。

◇ **垂直文字工具**：可以执行输入竖排文字的操作。

◇ **区域文字工具**：可以绘制文字区域并在其中输入文字。

◇ **垂直区域文字工具▦：** 可以绘制垂直的文字区域并在其中输入文字。

◇ **路径文字工具▨：** 可以绘制指定路径并在路径上输入文字。

◇ **垂直路径文字工具▨：** 可以绘制指定路径并在路径上输入垂直文字。

◇ **钢笔工具▨：** 可以自由绘制图形。

◇ **删除锚点工具▨：** 可以在绘制的图形上删除锚点。

◇ **增加锚点工具▨：** 可以在绘制的图形上增加锚点。

◇ **转换锚点工具▨：** 可对绘制的锚点进行转换。

◇ **矩形工具▨：** 可绘制矩形，按住Shift键和鼠标左键拖曳可以绘制正方形。

◇ **圆角矩形工具▨：** 可绘制圆角矩形，按住Shift键和鼠标左键拖曳可以绘制圆角正方形。

◇ **切角矩形工具▨：** 可以绘制六边形。

◇ **圆角矩形工具▨：** 可以绘制圆角矩形，此工具绘制的圆角矩形4个角更偏向圆形。

◇ **楔形工具▨：** 可以绘制三角形。

◇ **弧形工具▨：** 可以绘制扇形。

◇ **椭圆工具▨：** 可以绘制椭圆形，按住Shift键和鼠标左键拖曳可以绘制圆形。

◇ **直线工具▨：** 可以绘制直线，按住Shift键和鼠标左键拖曳可以绘制水平的直线。

"字幕"窗口中除了有各类工具，还有预设的多种文字样式效果，可以直接应用在输入的文字上，如图5-20所示。

在"旧版标题属性"面板中可对文字属性进行进一步的调整与设置，如图5-21所示。

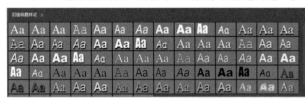

图5-20

图5-21

◇ **变换：** 可对文字的位置和不透明度等进行设置，如图5-22所示。

◇ **属性：** 可对文字的"字体系列""字体大小""宽高比"等参数进行设置，如图5-23所示。

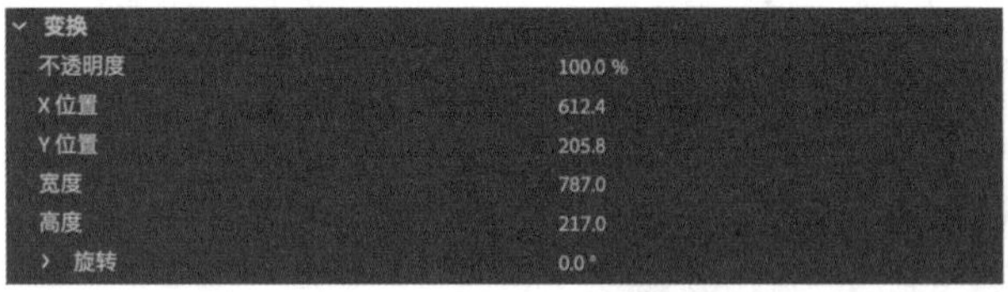

图5-22

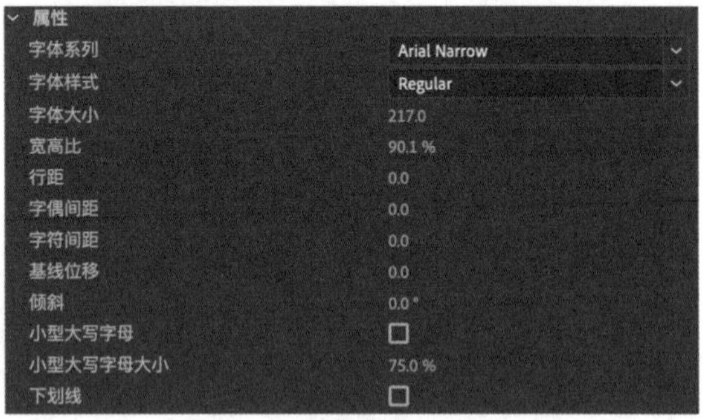

图5-23

◇ **填充：** 可对文字的填充颜色进行设置，与"文字工具"中的"填充"不同，旧版标题中的"填充"可选择性更强，例如可对"填充类型""光泽""纹理"等参数进行设置，如图5-24所示。

◇ **描边：** 可对文字添加描边，在此选项中可以选择添加的描边类型是"外描边"还是"内描边"，如图5-25所示。

图5-24

图5-25

◇ **阴影：**可为文字添加阴影效果，还可以对阴影的"角度"和"大小"等参数进行设置，如图5-26所示。

◇ **背景：**可设置文字的背景，同样可以对背景的"光泽"和"纹理"等参数进行设置，如图5-27所示。

图5-26

图5-27

案例训练：制作片尾字幕

素材位置　素材文件＞CH05＞案例训练：制作片尾字幕

实例位置　实例文件＞CH05＞案例训练：制作片尾字幕

学习目标　学习旧版标题的用法

本案例训练最终效果如图5-28所示。

图5-28

01 打开Premiere并新建项目，将"素材文件＞CH05＞案例训练：制作片尾字幕"文件夹中的"苏州.mp4"文件导入"项目"面板中，并将其拖曳到"时间轴"面板中创建序列，如图5-29所示。

02 单击"时间轴"面板中的"苏州.mp4"，调出"效果控件"面板，并对其进行运动关键帧的设置。将时间线拖曳到00:00:00:00处，单击"位置"和"缩放"前面的"切换动画"按钮，为其添加关键帧。将时间线拖曳到00:00:05:00处，设置"位置"为（630.0，540.0），"缩放"为50.0，如图5-30所示。

图5-29

图5-30

03 在时间轴中选择所有关键帧后单击鼠标右键，在快捷菜单中执行"临时插值＞贝塞尔曲线"命令，如图5-31所示。

04 在菜单栏中执行"文件＞新建＞旧版标题"命令，为其设置和编辑片尾字幕，如图5-32所示。设置字幕名称为"字幕01"，在"字幕"窗口中使用"文字工具" 在编辑面板右侧黑色区域绘制文本框，输入片尾字幕信息，设置文本排列方式为居中对齐，关闭"字幕"窗口，完成字幕的创建，如图5-33所示。

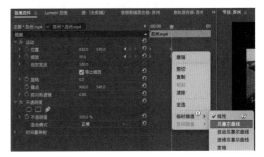

图5-31

图5-32　　　　　　　　　　　　　　　　　　图5-33

05 在"项目"面板中找到设置的"字幕01"，将其拖曳到"时间轴"面板中的V2轨道上，设置其长度与V1轨道上素材的长度一致，如图5-34所示。调出"效果控件"面板，将时间线拖曳到00:00:03:00处，找到"位置"选项，单击"切换动画"按钮🔘，创建关键帧，设置"位置"为（960.0,1640.0）。将时间线拖曳到00:00:10:00处，修改"位置"为（960.0，-550.0），如图5-35所示。

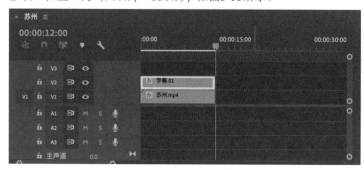

图5-34　　　　　　　　　　　　　　　　　　图5-35

06 单击"时间轴"面板上的"苏州.mp4"，调出"效果控件"面板。将时间线拖曳到00:00:10:00处，找到"不透明度"选项，单击"切换动画"按钮🔘，创建关键帧。将时间线拖曳到00:00:11:24处，设置"不透明度"为0.0%，创建关键帧，如图5-36所示，最终效果如图5-37所示。

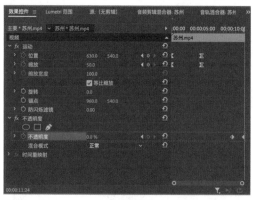

图5-36　　　　　　　　　　　　　　　　　　图5-37

技巧提示：片尾字幕的制作要点

对于片尾字幕的制作，首先需要注意对字幕关键帧的设置。字幕的运动时间往往取决于片尾字幕的长度，一般来说，片尾字幕越长，需要的时间越长。其次，片尾字幕的设置要注意字体和字号的运用，常使用小号字，并且要注意字幕的排列方式，通常使用居中对齐做出的字幕会更加美观。

案例训练：制作KTV字幕

素材位置　素材文件＞CH05＞案例训练：制作KTV字幕
实例位置　实例文件＞CH05＞案例训练：制作KTV字幕
学习目标　熟练掌握旧版标题的用法

本案例训练最终效果如图5-38所示。

图5-38

01 打开Premiere并新建项目，将"素材文件＞CH05＞案例训练：制作KTV字幕"文件夹中的"吉他.mp4"文件导入"项目"面板中，将其拖曳到"时间轴"面板上创建序列。在菜单栏中执行"文件＞新建＞旧版标题"命令，设置字幕名称为"字幕01"，然后在"旧版标题样式"面板中设置字幕样式，如图5-39所示。

02 设置完成后关闭"字幕"窗口，在"项目"面板中找到"字幕01"，按快捷键Ctrl＋C和Ctrl＋V进行复制粘贴，将复制后的字幕名称改为"字幕02"，如图5-40所示。

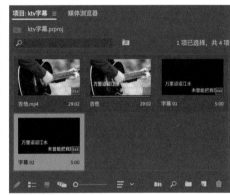

图5-39　　　　　　　　　　　　　　　　　　图5-40

03 双击"字幕02"进入"字幕"窗口，将字体颜色设置为紫色（R:255,G:0,B:255）后关闭"字幕"窗口，如图5-41所示。

04 在"项目"面板中将"字幕02"拖曳到"时间轴"面板中的V3轨道上，在"效果"面板中找到"线性擦除"效果并将其应用到V3轨道的"字幕02"上，如图5-42和图5-43所示。

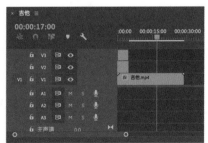

图5-41　　　　　　　　　　　　图5-42　　　　　　　　　　　　图5-43

05 单击"时间轴"面板中V3轨道上的"字幕02",调出"效果控件"面板,设置"擦除角度"为-90.0°。将时间线拖曳到00:00:00:00处,单击"过渡完成"前面的"切换动画"按钮🔘,为其添加关键帧,设置"过渡完成"为100.0%。将时间线拖曳到00:00:04:24处,设置"过渡完成"为0%,如图5-44所示,最终效果如图5-45所示。

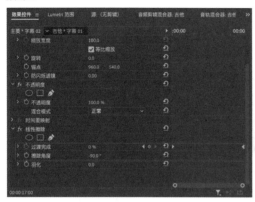

图5-44

图5-45

技巧提示:KTV字幕制作要点

制作KTV字幕时,需要根据播放时歌词的持续时间来设置其擦除的关键帧,这样可以使歌词与歌声完美地契合。同时,使用此方法进行KTV字幕的设置时,要善用复制粘贴操作,这样可以提高制作字幕的效率,节省更多时间。

5.4 "字幕"工作区

新版本的Premiere中增加了单独的"字幕"工作区。在"新建项目"对话框中已经没有新建"字幕"命令,字幕的编辑界面单独成为一个工作区。要打开此工作区,只需要执行"窗口>工作区>字幕"命令即可,如图5-46所示。

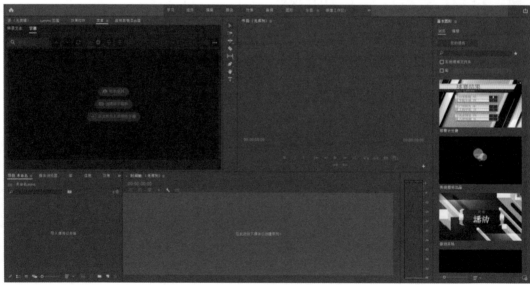

图5-46

5.4.1 在"字幕"工作区中创建字幕

在"文本"面板中单击打开"字幕"工作区，可以看到3种创建字幕的方式，如图5-47所示。

"转录序列"功能可以将视频、音频中的声音直接转换成字幕。单击"转录为序列"按钮，选择想要识别的音频轨道，然后选择对话语音并单击"转录"按钮即可将声音转换为文字（该功能需要将语音上传至云端进行分析），如图5-48所示。

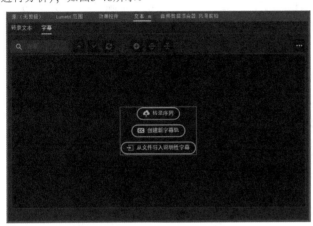

图5-47

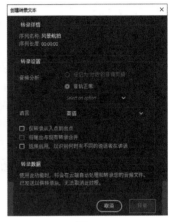

图5-48

若不需要进行语音换转，则可以在"文本"面板中进入"字幕"工作区后使用鼠标单击"创建新字幕轨"按钮，即可添加一段新的字幕轨道。在弹出的"新建字幕轨道"对话框中，如果要添加类似影视剧中的对白字幕，可以设置"格式"为"副标题"。"格式"中还有其他特定的字幕格式，根据需要进行选择即可。可以设置"样式"为之前设置过的字幕样式，若不存在或不需要字幕样式则将"样式"设置为"无"即可，如图5-49所示。

在"文本"面板的"字幕"工作区中，单击"添加新的字幕分段"按钮，即可添加一段新的字幕，如图5-50所示。

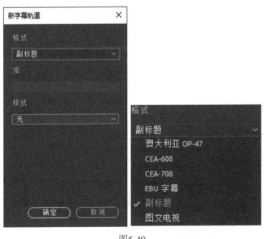

图5-49

图5-50

新建字幕后，左侧的时间码代表这段字幕的出现时间和结束时间，单击时间码即可修改字幕的出现时间和结束时间，也可以在"时间轴"面板中修改字幕的持续时间和位置，如图5-51所示。

图5-51

在字幕文本框中可以编辑字幕，编辑后字幕便会显示在"节目"面板中，如图5-52所示。完成一段字幕的编辑后，再次单击"添加新字幕分段"按钮⊕即可添加新的字幕分段。

图5-52

完成字幕编辑后单击▪▪▪按钮，可以执行"导出到SRT文件""导出到文本文件""禁用自动滚动"命令，如图5-53所示。

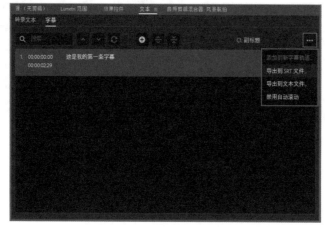

图5-53

5.4.2 风格化字幕

选中字幕后，在"基本图形"面板中可以修改文字样式（如字体、大小和位置等），如图5-54所示。

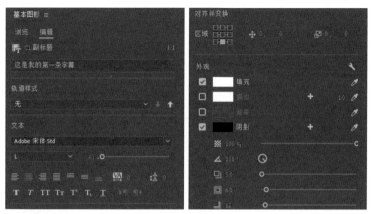

图5-54

轨道样式

如果要保存设置好的样式便于日后使用，可以在"轨道样式"面板中打开"样式"卷展栏，选择"创建样式"选项，在弹出的"新建文本样式"对话框中设置"名称"，单击"确定"按钮 **确定** 即可完成设置。如图5-55所示。

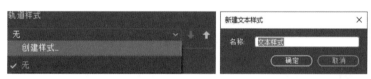

图5-55

文本

字体：设置字体、样式和大小。

段落对齐方式：如需水平对齐，可使用左对齐文本、居中对齐文本、右对齐文本和两端对齐；如需垂直对齐，可使用顶对齐文本、居中对齐文本垂直和底对齐文本。这将影响添加其他字行时字幕的对齐方式。

跟踪：扩大或缩小字符间距。

行距：扩大或缩小字行之间的垂直间距。

仿样式：包含仿粗体、仿斜体、全部大写字母、小型大写字母、上标、下标和下划线。

对齐并变换

使用"对齐"和"变换"功能对齐文本并更改其的位置。

区域定位字幕：从不同的区域中进行选择，将字幕放置在视频的不同区域中。

微调位置：可以使用"设置水平位置"与"设置垂直位置"功能为区域添加偏移量，以更改字幕位置。

更改文本框大小：如果要缩小或扩大文本框大小，可以使用"设置水平缩放"和"设置垂直缩放"功能。

外观

填充：更改字幕的颜色。

描边：添加单个或多个描边。

背景：可以选择颜色，添加背景框。

阴影：添加阴影，可以设置不透明度、角度和距离等参数。

案例训练：制作打字机效果

素材位置　素材文件＞CH05＞案例训练：制作打字机效果
实例位置　实例文件＞CH05＞案例训练：制作打字机效果
学习目标　熟悉"字幕"窗口的用法

本案例训练最终效果如图5-56所示。

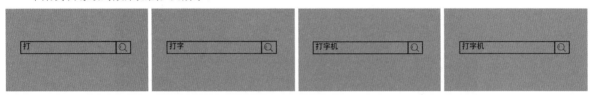

图5-56

01 打开Premiere并新建项目，在"项目"面板中新建一个白色遮罩。设置"宽度"为1920，"高度"为1080，"时基"为25.00fps，"像素长宽比"为方形像素（1.0），在"拾色器"对话框中设置颜色为白色（R:255,G:255,B:255），如图5-57所示。

图5-57

02 将"颜色遮罩"拖曳到"时间轴"面板中创建序列，在菜单栏中执行"文件＞新建＞旧版标题"命令并命名为"字幕01"。在"字幕"窗口中使用"矩形工具"■绘制搜索框，取消勾选"填充"复选框，添加"内描边"。使用"矩形工具"■在右侧绘制一个矩形，使用灰色（R:154,G:154,B:154）进行填充，如图5-58所示。设置完成后关闭窗口。

03 在"项目"面板中将"字幕01"拖曳到"时间轴"面板的V2轨道上，设置其长度与V1轨道上的素材长度一致，如图5-59所示。

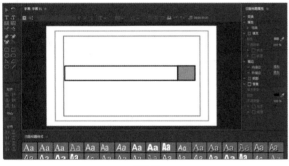

图5-58

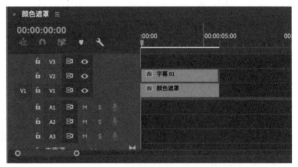

图5-59

04 将"素材文件＞CH05＞案例训练：制作打字机效果"文件夹中的"搜索.png"文件导入"项目"面板中，然后将其拖曳到"时间轴"面板的V3轨道上。在"效果控件"面板中设置"位置"为（1570.0,510.0），"缩放"为55.0，如图5-60所示。

图5-60

05 使用工具栏中的"文字工具"T，在"节目"面板中的搜索框内绘制文本框。调出"效果控件"面板，找到"文本>源文本>填充"选项，设置"填充"颜色为黑色（R:0,G:0,B:0），如图5-61所示。

06 将时间线拖曳到视频开始处，在文本框中输入文字"打"，单击"源文本"前面的"切换动画"按钮○，添加关键帧。将时间线拖曳到00:00:00:15处，在文本框中继续输入文字"字"。将时间线拖曳至00:00:01:11处，在文本框中继续输入文字"机"，如图5-62所示。最终效果如图5-63所示。

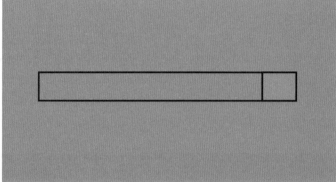

图5-61

图5-62

图5-63

5.5 基本图形

"基本图形"面板提供多种已经设置好的图形模板和文字模板，我们可以很方便地套用这些模板，从而在短时间内制作出精美的效果，如图5-64所示。

图5-64

5.5.1 基本图形编辑

在Premiere中有时会遇到这样的问题：在视频编辑的过程中，既有文本又有图形，若通过"字幕"窗口或"文字工具" **T** 逐个添加，会出现效率不足且剪辑臃肿的情况。这种情况下，可以利用Premiere提供的图形选项，绘制各种图形并创建文本，还可以通过对图层和各个图层的属性调整来实现更加丰富的效果。若要对基本图形进行编辑，比较简单的方法是单击"图形"按钮切换工作区，如图5-65所示。

在右侧的"基本图形"面板中可对图形及文本的参数进行设置，在"编辑"选项卡中单击"新建图层"按钮 **■**，可以新建图层，如图5-66所示。新建图层后，可在"编辑"选项卡中看到新建的各个图层，可以对其进行调整和更改，如图5-67所示。单击该项目便可在"属性"面板中修改其参数，如图5-68所示。

| 学习 | 组件 | 编辑 | 颜色 | 效果 | 音频 | 图形 ≡ | 库 | » |

图5-65

图5-66   图5-67   图5-68

技术专题：什么是剪辑图层

剪辑图层是指可以将文字、直排文字、矩形、椭圆形等作为图形中的图层，图像与视频源也可以作为图形中的图层。创建剪辑图层的方法有3种。

第1种： 在"基本图形"面板的"编辑"选项卡中单击"新建图层"按钮 **■**，执行"来自文件"命令。

第2种： 在"时间轴"面板中选择剪辑，然后将该剪辑从"项目"面板拖曳到"基本图形"面板的图层中。

第3种： 在菜单栏中执行"图形>新建图层>来自文件"命令。

5.5.2 基本图形模板

对许多Premiere的初学者来说，短时间内或许还无法掌握许多效果和文本图形的设计制作方法，因此，可以使用Premiere提供的多种基本图形模板，只需在模板上进行更改即可制作出多种效果。基本图形模板选项位置可在"基本图形"面板的"浏览"选项卡中查看，如图5-69所示。在"基本图形"面板中，模板将会以预览的形式显示，配有文字说明，若出现 **Tr** 标志，则表示模板字体缺失，可以更换为其他字体或下载相应字体。

将鼠标指针移动至该模板上，单击右下角的"信息"按钮 **ℹ** 即可查看该模板信息，包括模板持续时间及字体等，如图5-70所示。

图5-69 图5-70

若想使用基本图形模板，只需选择此模板后按住鼠标左键并将其拖曳到"时间轴"面板中想要显示的位置，如图5-71所示。

选择应用的模板，"基本图形"面板跳转到该模板的"编辑"区域，在该区域就可以对模板进行编辑，如图5-72所示。利用基本图形模板可以快速完成设计和排版，能够节省时间，提高工作效率。

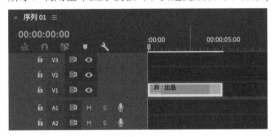

图5-71 图5-72

技巧提示：什么是动态图形模板

动态图形模板（.mogrt）是一种可在After Effects或Premiere Pro中创建的文件类型，可供重复使用或分享。可以从3个位置将动态图形模板导入Premiere中：第1个位置是"本地模板"文件夹，第2个位置是Creative Cloud Libraries，第3个位置是Adobe Stock。

5.6 综合训练

本节将运用3个综合训练对文字和图像的概念进行深度的讲解。

综合训练：制作大片文字

素材位置　素材文件＞CH05＞综合训练：制作大片文字
实例位置　实例文件＞CH05＞综合训练：制作大片文字
学习目标　掌握旧版标题的用法

本综合训练的最终效果如图5-73所示。

图5-73

01 打开Premiere并新建项目，将"素材文件＞CH05＞综合训练：制作大片文字"文件夹中的"星云.mp4"文件导入"项目"面板中，并将其拖曳到"时间轴"面板中创建序列。在菜单栏中执行"文件＞新建＞旧版标题"命令，在"字幕"窗口中输入文字"UNIVERSE"，设置合适的文字样式和位置，设置字体颜色为淡蓝色（R:0，G:185，B:255），如图5-74所示。

02 关闭"字幕"窗口，将"项目"面板中的"字幕01"拖曳到"时间轴"面板中的V2轨道上并调整其长度，使其与V1轨道上的素材长度保持一致，如图5-75所示。

图5-74

图5-75

03 在"效果"面板中搜索"Alpha发光"效果，将其应用到"字幕01"上。单击"字幕01"，调出"效果控件"面板，设置"发光"为100，起始颜色为深蓝色（R:4，G:100，B:200），如图5-76所示。

04 在"项目"面板中新建颜色遮罩，在"拾色器"对话框中选择黑色（R:0，G:0，B:0），在弹出的"选择名称"对话框中将其命名为"颜色遮罩"，如图5-77所示。

图5-76

图5-77

05 将"项目"面板中新建的"颜色遮罩"拖曳到"时间轴"面板中的V3轨道上并调整其长度，使其与V1、V2轨道上的素材长度保持一致，如图5-78所示。

06 在"效果"面板中找到"镜头光晕"效果，将其应用到"时间轴"面板中的V3轨道的"颜色遮罩"上。调出"效果控件"面板，找到"不透明度"选项中的"混合模式"并设置为"变亮"。在视频开始处单击"光晕亮度"前面的"切换动画"按钮 并设置为0%，将时间线拖曳到00:00:14:21处，设置"光晕亮度"为200%，"镜头类型"为105毫米定焦，如图5-79所示。

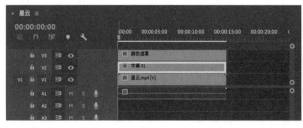

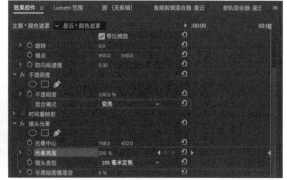

图5-78

图5-79

07 在菜单栏中执行"文件>新建>旧版标题"命令，将新字幕命名为"字幕02"。在"字幕"窗口中，使用"直线工具"▨在文字上按住Shift键和鼠标左键随机绘制几条直线，设置其颜色为深蓝色（R:4，G:100，B:200），如图5-80所示。

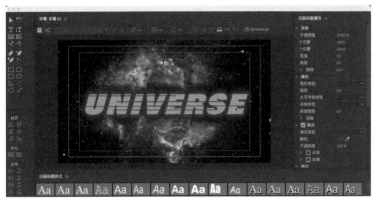

图5-80

08 将"颜色遮罩"拖曳到V4轨道上，将设置好的"字幕02"拖曳到"时间轴"面板中的V3轨道上，并调整其长度，使其与轨道上的其他素材长度保持一致，如图5-81所示，最终效果如图5-82所示。

图5-81

图5-82

综合训练：制作手写文字

素材位置	素材文件＞CH05＞综合训练：制作手写文字
实例位置	实例文件＞CH05＞综合训练：制作手写文字
学习目标	掌握旧版标题的用法

本综合训练最终效果如图5-83所示。

图5-83

01 打开Premiere并新建项目，将"素材文件＞CH05＞综合训练：制作手写文字"文件夹中的"夜晚.mp4"文件导入"项目"面板中，并将其拖曳到"时间轴"面板中创建序列。在菜单栏中执行"文件>新建>字幕"命令，如图5-84所示。

图5-84

02 在"字幕"窗口中输入文字"CITY"，设置字体和字体样式为类手写体的文字效果，调整文字大小，将文字放到合适位置，如图5-85所示。

图5-85

03 关闭此窗口，将"项目"面板中的"字幕01"拖曳到"时间轴"面板的V2轨道上，设置其长度与V1轨道上的素材一致，如图5-86所示。

图5-86

04 在"时间轴"面板中选择所有素材后单击鼠标右键，在快捷菜单中执行"嵌套"命令创建嵌套，将其命名为"嵌套序列01"，如图5-87所示。

05 在"效果"面板中找到"书写"效果，将其应用到"时间轴"面板的"嵌套序列01"上，单击"嵌套序列01"，调出"效果控件"面板，设置"颜色"为蓝色（R:0，G:0，B:255），"画笔大小"为40.0。在视频开始处单击"画笔位置"前面的"切换动画"按钮 ，添加关键帧，如图5-88所示。

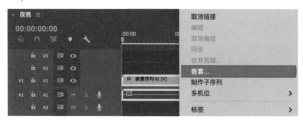

图5-87

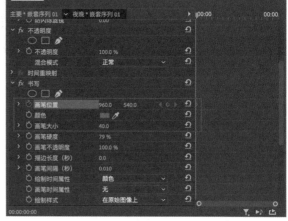

图5-88

技巧提示：合理使用"嵌套"

在设置书写效果时，由于书写效果的逐帧添加要依靠强大的计算机运算能力，因此要将素材进行"嵌套"操作，不要直接将书写效果添加到素材上，否则会造成计算机异常卡顿。

---

06 选择"画笔位置"选项，在"节目"面板中将画笔拖曳到文字的起始位置，按→键并拖曳画笔，持续对文字进行描摹，如图5-89所示。

07 在"效果控件"面板中设置"画笔硬度"为100%，"画笔间隔"为0.001，如图5-90所示，最终效果如图5-91所示。

图5-89

图5-90

图5-91

综合训练：制作逐字发光效果

素材位置　素材文件＞CH05＞综合训练：制作逐字发光效果
实例位置　实例文件＞CH05＞综合训练：制作逐字发光效果
学习目标　掌握"字幕"窗口的用法

本综合训练最终效果如图5-92所示。

图5-92

01 打开Premiere并新建项目，将"素材文件＞CH05＞综合训练：制作逐字发光效果"文件夹中的"星球.mp4"文件导入"项目"面板中，将其拖曳到"时间轴"面板中创建序列。在菜单栏中执行"文件＞新建＞旧版标题"命令，在"字幕"窗口中输入文字"PLANET"，调整文字大小，将其移动到合适的位置，然后关闭此窗口，如图5-93所示。

图5-93

02 将"项目"面板中的"字幕01"拖曳到"时间轴"面板中的V2轨道上，调整其长度，使其与"时间轴"面板中V1轨道上的素材一致，按住Alt键和鼠标左键拖曳，将V2轨道上的"字幕01"复制一份到V3轨道上，如图5-94所示。

03 在"效果"面板中找到"Alpha发光"效果，将其应用到V3轨道的素材上。调出"效果控件"面板，设置"发光"为100，"起始颜色"为金黄色（R:255,G:174,B:0），如图5-95所示。

04 在"效果控件"面板中找到"Alpha发光"效果的蒙版选项，使用"创建4点多边形蒙版"工具█绘制蒙版，使文字可以在蒙版区域内出现，如图5-96所示。

图5-94　　　　　　　　　　　图5-95　　　　　　　　　　　图5-96

05 在视频开始处设置"蒙版羽化"为150.0，在"节目"面板中将蒙版拖曳到文字的最左侧，单击"蒙版路径"前面的"切换动画"按钮◯，添加关键帧，使其无法显示文字发光效果。拖曳时间线到00:00:14:24处，将蒙版位置向右拖曳，遮住文字发光效果，如图5-97和图5-98所示，最终效果如图5-99所示。

图5-97　　　　　　　　　　　　　　　　　　图5-98

图5-99

第6章 视频转场的制作

■ 学习目的

　　视频创作会出现多个画面的切换，需要根据视频的类型设置相应的转场效果。本章主要讲解什么是转场，在 Premiere 中有哪些基础转场效果，还将通过多个案例来讲解常用的转场效果和高级转场效果。

■ 主要内容

· 理解什么是转场　　　　　　　　　· 认识 Premiere 中的基础转场效果

· 掌握为视频应用转场效果的方法　　· 掌握根据不同类型的视频使用不同转场效果的能力

6.1 了解转场

Premiere的"效果"面板中的效果都可以应用到素材上,这些效果主要分为"预设""Lumetri预设""音频效果""音频过渡""视频效果""视频过渡"六大类,如图6-1所示。每个大类下又有许多分支,总的来说,Premiere提供了大量效果。

图6-1

6.1.1 什么是视频转场

很多时候,制作的视频使用了不止一个素材,转场就是为两个素材之间设置过渡和衔接的效果。通过转场可以将两段素材更好地融合,使画面的转变自然、流畅,符合视频的基调。在Premiere中,通常将转场添加在两段素材中间,由上一段视频的末尾过渡到下一段视频的开头。

如果将两段风格差异巨大的视频素材结合在一起,在没有使用转场的情况下,两段视频之间就会出现非常生硬的转折,在大多数情况下会导致视频的观感不佳,如图6-2所示。

图6-2

6.1.2 如何编辑转场效果

将转场效果拖曳到"时间轴"面板中两个素材的链接处,添加转场效果后的链接会变成灰色,单击灰色区域即可选中该效果,可以在"效果控件"面板中找到此效果的各项参数并进行修改,如图6-3所示。

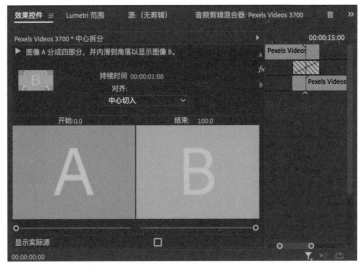

图6-3

技巧提示：效果方向可更改

在"效果控件"面板中单击 按钮可以改变大部分效果中素材插入的方向，如图6-4所示。

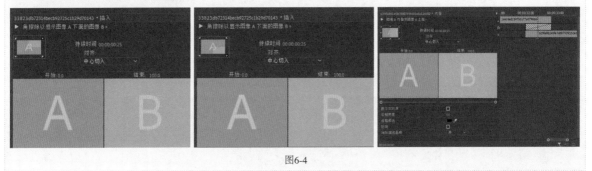

图6-4

6.2 基础视频转场

视频转场分为前期转场和后期转场。在前面的前期拍摄技巧中已经对前期转场有过介绍，而后期转场主要是在视频制作软件中通过对各种视频过渡效果和参数的调整来进行画面的切换。本节主要介绍后期转场的视频过渡效果和如何编辑后期转场。

Premiere提供多种基础视频过渡效果，主要分为"3D运动""内滑""划像""擦除""沉浸式视频""溶解""缩放""页面剥落"8类，这些过渡效果可以在"效果"面板的"视频过渡"分组中找到，如图6-5所示。将转场分为这么多类别，是因为每种类型的转场的效果和应用会有区别，对视频过渡效果进行分类，便于在选择过渡效果时更好地结合要制作的视频。

图6-5

6.2.1 3D运动

"3D运动"效果组可以将两段素材用类似于立体的方式进行过渡，适合制作立体画面的视频过渡。该效果组包含"立方体旋转"和"翻转"两种过渡效果，如图6-6所示。

图6-6

1.立方体旋转

"立方体旋转"效果默认情况下使素材B从左向右以立方体旋转方式出现，由此完成素材A到素材B的切换，效果如图6-7所示。

图6-7

2.翻转

"翻转"效果类似于将素材A和B放置在同一张纸的正反两面，通过翻转页面来完成转场，以素材A的中线为准进行翻转来过渡到素材B，如图6-8所示。

图6-8

6.2.2 内滑

"内滑"效果组可以让两段素材通过画面滑动的方式进行切换，适合制作简单、快速的视频过渡，包含"中心拆分""内滑""带状内滑""急摇""拆分""推"6种过渡效果，如图6-9所示。

1.中心拆分

"中心拆分"效果可以让素材A分为4部分，然后分别向画面4个角移动来切换到素材B，如图6-10所示。

图6-9

图6-10

2.内滑

该效果类似"立方体旋转"效果，不同的是此效果是一种平顺的滑动，没有3D的运动效果。默认使素材A从左向右滑动来切换到素材B，如图6-11所示。

图6-11

3.带状内滑

"带状内滑"效果与"内滑"效果相似，只是将素材B分割成了平行的带状，默认素材A的左右两边同时向中间内滑直至切换到素材B，如图6-12所示。

图6-12

4.急摇

"急摇"效果可让素材A以快速模糊的方式切换到素材B，如图6-13所示。

图6-13

5.拆分

"拆分"效果可以使素材A从中间进行拆分，然后向上下或两边滑动切换到素材B，如图6-14所示。

图6-14

6.推

"推"效果是让素材B以逐渐推入的方式出现，如图6-15所示。

图6-15

技巧提示： "内滑"效果与"推"效果的不同之处

与"内滑"效果不同，"推"效果是在画面上使用素材B将素材A推出画面，素材A也有画面的平移效果。"内滑"效果是将素材B以静帧的方式滑入画面，从而覆盖、替换素材A。两种效果在同一帧有不同的表现情况，如图6-16所示。

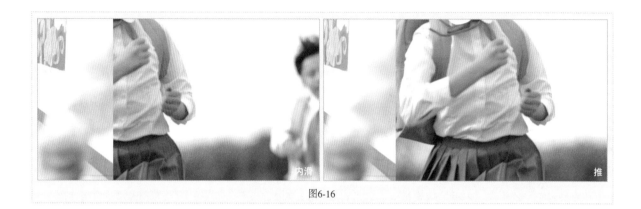

图6-16

6.2.3 划像

"划像"效果组可以让两段素材以伸展的方式进行过渡，适合制作层次感明显的视频过渡效果，包含"交叉划像""圆划像""盒形划像""菱形划像"4种过渡效果，如图6-17所示。

图6-17

1.交叉划像

"交叉划像"效果可将素材A分割为4个部分，然后分别向4个角移动，直至切换到素材B，如图6-18所示。

图6-18

技巧提示： "交叉划像"效果与"中心拆分"效果的不同之处

"交叉划像"效果是将素材A分割为4部分，逐渐减少素材A的画面，两段素材在切换时均在播放；"中心拆分"效果是开始应用效果时，将素材A的开始帧转换为静帧的形式并拆分成4部分，然后向4个角移动。两种效果在同一帧有不同的表现情况，如图6-19所示。

图6-19

2.圆划像

　　"圆划像"效果可使素材B在画面中间以圆形效果逐渐放大的形式铺满整个画面，完成画面的转场，如图6-20所示。

图6-20

3.盒形划像

　　"盒形划像"效果可使素材B在画面中间以矩形效果逐渐放大的形式铺满整个画面，完成画面的切换，如图6-21所示。

图6-21

4.菱形划像

　　"菱形划像"效果可使素材B在画面中间以菱形效果逐渐放大的形式铺满整个画面，完成画面的切换，如图6-22所示。

图6-22

案例训练：制作欢乐家庭影像

素材位置	素材文件＞CH06＞案例训练：制作欢乐家庭影像
实例位置	实例文件＞CH06＞案例训练：制作欢乐家庭影像
学习目标	掌握划像类转场效果的用法

　　本案例训练最终效果如图6-23所示。

图6-23

01 打开Premiere并新建项目，将"素材文件＞CH06＞案例训练：制作欢乐家庭影像"文件夹中的"家庭1.mp4"至"家庭5.mp4"和"背景音乐.wav"文件导入"项目"面板中，如图6-24所示。

02 将素材"家庭1.mp4"～"家庭5.mp4"分别拖曳到"时间轴"面板中，使其创建序列。将"背景音乐.wav"文件拖曳到"时间轴"面板中的A1轨道上，调整背景音乐长度，使其与视频一致，如图6-25所示。

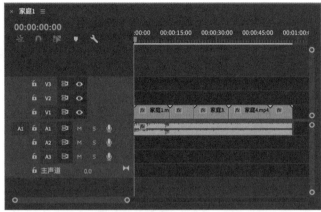

图6-24 　　　　　　　　　　　　　　　　　　　图6-25

03 在"效果"面板中找到"音频过渡＞交叉淡化＞指数淡化"效果，将其拖曳至"时间轴"面板中"背景音乐"素材的结尾处，如图6-26所示，对背景音乐进行淡化处理。

图6-26

04 在"效果"面板中找到"划像＞交叉划像"效果，将其拖曳到"家庭1.mp4"和"家庭2.mp4"素材之间，设置完成后拖曳时间线查看效果，如图6-27所示。

图6-27

05 在"效果"面板上找到"划像＞圆划像"效果，将其拖曳到"家庭2.mp4"和"家庭3.mp4"素材之间，设置好完成拖曳时间线查看效果，如图6-28所示。

图6-28

06 在"效果"面板中找到"划像>盒形划像"效果，将其拖曳到"家庭3.mp4"和"家庭4.mp4"素材之间，设置完成后拖曳时间线查看效果，如图6-29所示。

图6-29

07 在"效果"面板中找到"划像>菱形划像"效果，将其拖曳到"家庭4.mp4"和"家庭5.mp4"素材之间，设置完成后拖曳时间线查看效果，如图6-30所示，本案例训练最终效果如图6-31所示。

图6-30

图6-31

技术专题：为什么要为音频添加"指数淡化"效果

由于所添加的音频长度超过了视频长度，将音频长度拖曳成与视频长度一致后，后面的音频会被切掉，给观众造成"戛然而止"的感受。为音频添加的"指数淡化"效果可以给音频添加一个淡出的效果，让音频有从强到弱的变化。拖曳"指数淡化"效果的长度还可以延长或缩短音频淡化的时间，如图6-32所示。

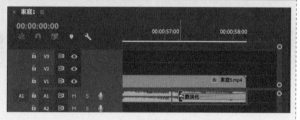

图6-32

6.2.4　擦除

"擦除"效果组可以让两段素材以逐渐划出的方式进行过渡，适合制作解说类或者场景差异明显的过渡效果，包含"划出""双侧平推门""带状擦除""径向擦除""插入""时钟式擦除""棋盘""棋盘擦除""楔形擦除""水波块""油漆飞溅""渐变擦除""百叶窗""螺旋框""随机块""随机擦除""风车"17种效果，如图6-33所示。

图6-33

下面介绍4种常用的"擦除"效果。

1.划出

该效果可使素材A从左向右逐渐划出并切换至素材B，A、B两素材在切换时都处于播放状态，素材B覆盖素材A完成转场，如图6-34所示。

图6-34

2.双侧平推门

"双侧平推门"效果可使素材A从中间向两边推开，逐渐显示出素材B，如图6-35所示。

图6-35

3.插入

"插入"效果可使素材B从左上角逐渐插入画面直至完全显现，如图6-36所示。

图6-36

4.渐变擦除

"渐变擦除"效果可以使素材B以渐变的方式逐渐出现，覆盖素材A直至完成转场，如图6-37所示。

图6-37

技巧提示：如何设置"柔和度"参数

置入"渐变擦除"效果时会弹出"渐变擦除设置"对话框，其中可以设置"柔和度"参数，如图6-38所示。"柔和度"参数主要用于调节过渡效果的明显程度：柔和度越低，过渡效果的图像越明显；柔和度越高，过渡效果的图像越模糊，过渡越柔和、自然。"柔和度"参数的具体设置应根据两段素材的过渡程度进行选择。

除了"渐变擦除"效果自带的擦除图像外，还可以单击"选择图像"按钮 选择图像... 来选择擦除的图像。

图6-38

案例训练：制作电影开场效果

素材位置　素材文件＞CH06＞案例训练：制作电影开场效果
实例位置　实例文件＞CH06＞案例训练：制作电影开场效果
学习目标　学习"双侧平推门"与"渐变擦除"效果的用法

"双侧平推门"效果不仅可以左右推出，也可以设置为上下推出，基于这种效果可以做出类似于帷幕拉开的效果。

本案例训练最终效果如图6-39所示。

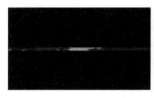

图6-39

01 打开Premiere并新建项目，将"素材文件＞CH06＞案例训练：制作电影开场效果"文件夹中的"古城.mp4"文件导入"项目"面板中，将"古城.mp4"拖曳到"时间轴"面板中的V1轨道上创建序列，如图6-40所示。

图6-40

02 在"效果"面板中找到"视频过渡＞擦除＞双侧平推门"效果，将其拖曳到"古城.mp4"素材的开始处，如图6-41所示。单击"时间轴"面板中的视频过渡效果，调出"效果控件"面板，如图6-42所示。

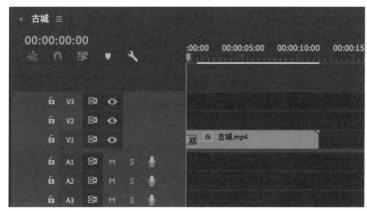

图6-41

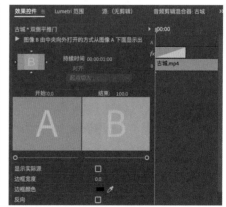

图6-42

03 此时的推出方式是从中间往左右推出，单击左上角的下拉按钮▼，将推出方式更改为"自南向北"，将持续时间更改为00:00:02:00，设置如图6-43所示，效果如图6-44所示。

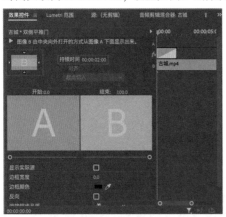

图6-43　　　　　　　　　　　　　　　　　　图6-44

技巧提示："双侧平推门"效果的多种用法

　　同"双侧平推门"效果类似的拉开帷幕效果使视频开场多了一丝新意。在实际应用中还可以通过添加颜色遮罩的方式来更改打开帷幕的颜色，以适应不同风格的视频；也可以在不同素材之间调整不同的推开方式，增加视频过渡转场的丰富性。

04 在菜单栏中执行"文件＞新建＞旧版标题"命令，在"字幕"窗口中输入文字"酱宝影业"，调整字体大小和字体样式，如图6-45所示。完成设置后关闭"字幕"窗口。

图6-45

05 在"项目"面板中找到刚刚设置的字幕素材，将其拖曳到"时间轴"面板中的V2轨道上，如图6-46所示。

图6-46

06 在"效果"面板中找到"渐变擦除"效果，将其拖曳到V2轨道的"字幕01"素材结束处，在弹出的"渐变擦除设置"对话框中设置"柔和度"为10，单击"确定"按钮 确定 ，如图6-47和图6-48所示。

图6-47

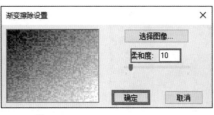

图6-48

07 单击"字幕01"调出"效果控件"面板，将时间线拖曳至00:00:00:23处，单击"不透明度"前面的"切换动画"按钮 ◎，为其添加关键帧，设置"不透明度"为0.0%，如图6-49所示。

08 将 时 间 线 拖 曳 至 00:00:02:00处，修改"不透明度"为100.0%，如图6-50所示。本案例训练最终效果如图6-51所示。

图6-49   图6-50

图6-51

6.2.5 沉浸式视频

"沉浸式视频"效果组主要适用于VR设备，可使两段素材以沉浸式效果进行过渡，常用于制作虚拟现实设备所播放的视频过渡，因此可以选择"沉浸式视频"效果来实现普通视频中的渐变擦除效果。该效果包含"VR光圈擦除""VR光线""VR渐变擦除""VR漏光""VR球形模糊""VR色度泄漏""VR随机块""VR默比乌斯缩放"8种过渡效果，如图6-52所示。

图6-52

1.VR光圈擦除

该效果可让素材A以光圈逐渐消散的方式从中间扩散至四周，直至素材B完全出现，如图6-53所示。

图6-53

2.VR光线

"VR光线"效果可使素材A通过散射光线的方式过渡到素材B，如图6-54所示。

图6-54

3.VR渐变擦除

"VR渐变擦除"效果可让素材A从画面底部以渐变擦除的方式显示素材B，如图6-55所示。

图6-55

4.VR漏光

"VR漏光"效果可让素材A和素材B通过亮度变化进行过渡，如图6-56所示。

图6-56

5.VR球形模糊

"VR球形模糊"效果可使素材A以螺旋旋转的方式和快速模糊的效果切换到素材B，如图6-57所示。

图6-57

6.VR色度泄漏

"VR色度泄漏"效果通过使素材A中的主体产生高亮并消逝的变化切换到素材B，如图6-58所示。

图6-58

7.VR随机块

"VR随机块"效果在素材A上产生包含素材B的随机像素块，将素材A逐渐溶解直至显示出素材B，如图6-59所示。

图6-59

8.VR默比乌斯缩放

"VR默比乌斯缩放"效果可以使素材B从中间及上下两边向外扩散，通过扭曲、缩放的方式出现，如图6-60所示。

图6-60

6.2.6 溶解

"溶解"效果组可以让两段素材以类似于溶解的方式自然地进行过渡，适合制作平缓的视频过渡，包含"MorphCut""交叉溶解""叠加溶解""白场过渡""胶片溶解""非叠加溶解""黑场过渡"7种过渡效果，如图6-61所示。

1.MorphCut

"MorphCut"效果可以修复两段素材之间的跳帧现象，如图6-62所示。跳帧现象指视频中可能由于显示器刷新率不足或其他原因造成的一段连续视频中某些帧丢失的现象。

图6-61

图6-62

2.交叉溶解

"交叉溶解"效果可让素材A的结束部分和素材B的起始部分交叉来进行过渡，如图6-63所示。

图6-63

3.叠加溶解

"叠加溶解"效果可让素材A的结束部分与素材B的起始部分相叠加，如图6-64所示。

图6-64

4.白场过渡

"白场过渡"效果可让素材A变为白色来过渡到素材B，如图6-65所示。

图6-65

5.胶片溶解

"胶片溶解"效果可让素材A通过降低不透明度的方式逐渐过渡到素材B，如图6-66所示。

图6-66

6.非叠加溶解

"非叠加溶解"效果可让素材B的明亮部分叠加到素材A中，以此完成视频过渡，如图6-67所示。

图6-67

7.黑场过渡

"黑场过渡"效果可让素材A逐渐变为黑色来过渡到素材B，如图6-68所示。

图6-68

案例训练：制作相机拍摄的定格画面

素材位置　素材文件＞CH06＞案例训练：制作相机拍摄的定格画面
实例位置　实例文件＞CH06＞案例训练：制作相机拍摄的定格画面
学习目标　掌握"白场过渡"效果的用法

本案例训练最终效果如图6-69所示。

图6-69

01 打开Premiere并新建项目，将"素材文件＞CH06＞案例训练：制作相机拍摄的定格画面"文件夹中的"运动1.mp4"和"快门音效.wav"素材导入"项目"面板中，如图6-70所示。

02 双击"运动1.mp4"，在"源"面板中截取视频至00:00:05:00，然后按住"仅拖动视频"按钮，将其拖曳到"时间轴"面板中的V1轨道上创建序列，如图6-71所示。

图6-70　　　　　　　　　　　　　　　　　　图6-71

03 拖曳时间线到00:00:02:00处，在时间轴上单击鼠标右键，在快捷菜单中执行"添加帧定格"命令，如图6-72所示。将"快门音效.wav"素材从"项目"面板拖曳至"时间轴"面板中的A1轨道上，如图6-73所示。

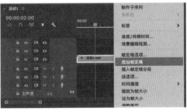

图6-72　　　　　　　　　　　　　　　　　　图6-73

04 在"效果"面板中找到"视频过渡＞溶解＞白场过渡"效果，将"白场过渡"效果拖曳到"运动1.mp4"素材的开始处。单击此效果调出"效果控件"面板，设置"持续时间"为00:00:00:10，"对齐"为"起点切入"，如图6-74和图6-75所示。

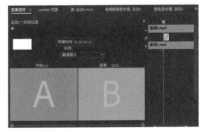

图6-74　　　　　　　　　　　　　　　　　　图6-75

05 接下来设置关键帧。选择第2段素材，在"效果控件"面板中找到"缩放"和"旋转"属性，分别单击它们前面的"切换动画"按钮 ◉，设置关键帧，如图6-76所示。

06 将时间线向后移动10帧到00:00:00:10处，然后设置"缩放"为65.0，"旋转"为6.0°，如图6-77所示，本案例训练最终效果如图6-78所示。

图6-76

图6-77

图6-78

6.2.7 缩放

"缩放"效果组可以让两段素材以缩放的形式进行过渡，适合快节奏、卡点类的视频。此类效果只有"交叉缩放"一种，如图6-79所示。"交叉缩放"效果可让素材A逐渐放大，切换为素材B后再逐渐缩小，如图6-80所示。

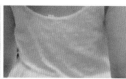

图6-79

图6-80

案例训练：制作短视频卡点的常用转场

素材位置	素材文件＞CH06＞案例训练：制作短视频卡点的常用转场
实例位置	实例文件＞CH06＞案例训练：制作短视频卡点的常用转场
学习目标	掌握交叉缩放效果的用法

本案例训练的最终效果如图6-81所示。

图6-81

01 打开Premiere并新建项目，将"素材文件＞CH06＞案例训练：制作短视频卡点的常用转场"文件夹中的"运动1.mp4"至"运动5.mp4"及"运动音乐.wav"文件导入"项目"面板中，如图6-82所示。

02 双击"运动音乐.wav"，在"源"面板中截取00:00:16:00～00:00:27:00之间的音乐片段，按住"仅拖动音频"按钮 ，将其拖曳到"时间轴"面板中的A1轨道上，如图6-83所示。

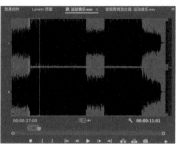

图6-82　　　　　　　　　　　　　　　　　　　　　　　　　　图6-83

03 双击"运动1.mp4"，在"源"面板中使用"剃刀工具" 截取00:00:02:14前的视频素材，按住"仅拖动视频"按钮 ，将其拖曳到V1轨道上，如图6-84所示。

04 按照相同的方法截取"运动2.mp4"00:00:01:02前的片段，按住"仅拖动视频"按钮 ，将其拖曳到"时间轴"面板中"运动1.mp4"的后方，如图6-85所示。

图6-84　　　　　　　　　　　　　　　　　　　　　　　　　　图6-85

05 双击"运动3.mp4"，在"源"面板中截取视频00:00:01:03前的片段，按住"仅拖动视频"按钮 ，将其拖曳到"时间轴"面板中"运动2.mp4"的后方，如图6-86所示。

06 双击"运动4.mp4"，在"源"面板中截取视频00:00:02:03前的片段，按住"仅拖动视频"按钮 ，将其拖曳到"时间轴"面板中"运动3.mp4"的后方，如图6-87所示。

07 双击"运动5.mp4"，在"源"面板中截取视频00:00:04:03前的片段，按住"仅拖动视频"按钮 ，将其拖曳到"时间轴"面板中"运动4.mp4"的后方，如图6-88所示。

图6-86　　　　　　　　　　　　　图6-87　　　　　　　　　　　　　图6-88

08 在"效果"面板中找到"视频过渡＞缩放＞交叉缩放"效果，将其拖曳到每两段素材的中间位置，调出"效果控件"面板，设置"持续时间"为00:00:00:10，"对齐"为中心切入，如图6-89所示。

图6-89

09 将每个过渡效果都按照以上参数进行设置，如图6-90所示。本案例训练最终效果如图6-91所示。

图6-90   图6-91

技巧提示：卡点视频的制作要点

卡点视频最重要的是音乐和视频的结合，往往是在节奏较强烈的地方进行画面切换，因此在制作卡点视频的时候要注意音频的波形图，波峰处是节奏明显的地方，可以在这种地方进行画面切换。

6.2.8 页面剥落

"页面剥落"效果组可以让两段素材以类似于翻页的效果进行过渡，适合制作模拟书页的过渡效果。该效果组包含"翻页"和"页面剥落"两种效果，如图6-92所示。

图6-92

1.翻页

"翻页"效果可模拟书本翻页的效果来进行素材A和素材B之间的切换，如图6-93所示。

图6-93

2.页面剥落

"页面剥落"效果可模拟撕下页面的效果来进行素材A和素材B之间的切换，如图6-94所示。

图6-94

技巧提示："翻页"效果与"页面剥落"效果的不同之处

"翻页"效果与"页面剥落"效果类似，但是前者的页面翻转处存在素材A的画面，而后者的页面翻转处不存在素材A的画面，且会产生阴影。两种效果的不同表现情况如图6-95所示。

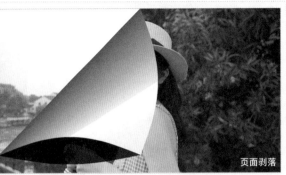

翻页　　　　　　　　　　　　　　　页面剥落

图6-95

案例训练：模拟翻书的转场效果

素材位置　素材文件＞CH06＞案例训练：模拟翻书的转场效果
实例位置　实例文件＞CH06＞案例训练：模拟翻书的转场效果
学习目标　学习"翻页"效果的用法

本案例最终效果如图6-96所示。

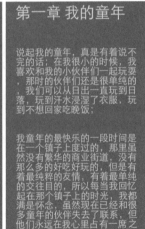

图6-96

01 打开Premiere并新建项目，在"项目"面板中单击鼠标右键，在快捷菜单中执行"颜色遮罩"命令，新建一个颜色遮罩作为书页的底色，如图6-97所示。设置其"宽度"为1080，"高度"为1920，模拟书的长宽比，设置颜色为灰色（R:112,G:112,B:112），如图6-98所示。

图6-97　　　　　　　　　　　　　　　　　　图6-98

02 将"项目"面板中新建的"颜色遮罩"拖曳到"时间轴"面板中创建序列，如图6-99所示。在菜单栏中执行"文件＞新建＞旧版标题"命令，在"字幕"窗口中对书的封面进行设置，如图6-100所示。设置完成后关闭窗口。

图6-99   图6-100

03 在"项目"面板中将设置的"字幕01"素材拖曳到"时间轴"面板中的V2轨道上，如图6-101所示。

04 将"素材文件＞CH06＞案例训练：模拟翻书的转场效果"文件夹中的"封面图像.png"文件导入"项目"面板中，将其拖曳到"时间轴"面板中的V3轨道上。调出"效果控件"面板，设置"位置"为（540.0,1110.0），"缩放"为300.0，如图6-102所示。

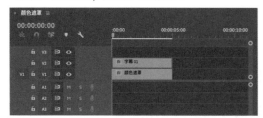

图6-101   图6-102

05 在"时间轴"面板中同时选择3个轨道上的素材后单击鼠标右键，在快捷菜单中执行"嵌套"命令进行嵌套操作，如图6-103所示。嵌套完成后，再次将"颜色遮罩"拖曳到"时间轴"面板中，作为书的第2页，如图6-104所示。

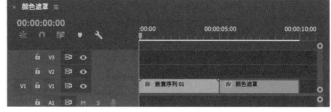

图6-103   图6-104

06 将时间线拖曳到00:00:05:00处，在菜单栏中执行"文件＞新建＞旧版标题"命令，在"字幕"窗口中为书设计第2页，如图6-105所示。设计完成后直接关闭该窗口。将"字幕02"拖曳到"时间轴"面板中的V2轨道上，如图6-106所示。

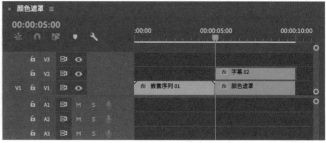

图6-105   图6-106

07 同时选择两段轨道上的"字幕02"和"颜色遮罩"素材后单击鼠标右键,在快捷菜单中执行"嵌套"命令,对其进行嵌套操作,如图6-107所示。

08 在"效果"面板中找到"翻页"过渡效果,将其拖曳到两段嵌套序列之间,如图6-108所示。单击该过渡效果,在"效果控件"面板中单击右下角的下拉按钮,将其设置为从右下角进行翻页,如图6-109所示。最终效果如图6-110所示。

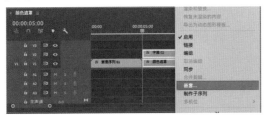
图6-107

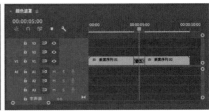
图6-108

图6-109   图6-110

技术专题: **为什么过渡效果无法拖曳到两段视频中间**

可能是因为在"对齐"选项中没有设置"中心切入"。双击过渡效果,在"效果控件"面板中找到"对齐"选项,在其下拉菜单中执行"中心切入"命令即可将过渡效果添加到两段视频中间,如图6-111所示。

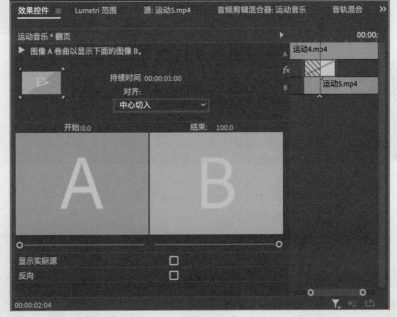
图6-111

6.3 高级视频转场

上一节主要通过使用Premiere中自带的视频过渡效果来制作基础的转场，本节将通过使用Premiere中的其他功能和效果来制作更加高级的转场。

6.3.1 轨道遮罩键转场

Premiere中有多个视频轨道，每个轨道上都可以放置各种素材，如果放置的素材带有Alpha通道，那么便可以在一个画面中对画面主体进行区分，一般分为Alpha部分和非Alpha部分，通过"轨道遮罩键"效果就可以将某个轨道中的这两个部分作为使用遮罩效果的对象。为素材添加一个带有Alpha通道的矩形，如图6-112所示。

图6-112

添加完成后可以应用"轨道遮罩键"效果到原素材上，并且在"效果控件"面板中选择遮罩的轨道为矩形所在的轨道，遮罩效果就会出现，如图6-113所示。若勾选"反向"复选框，则遮罩效果将会显示在矩形以外的画面中，如图6-114所示。图6-114所示的黑色区域均带有Alpha通道，因此可以在上面进行其他素材的叠加，如图6-115所示。

图6-113

图6-114　　　　　　　　　　　　　　　　　　图6-115

需要注意的是，在Premiere中通过"字幕"窗口绘制的文字或图形都带有Alpha通道，因此便可以根据这一特点制作出多种多样的效果，如图6-116所示。

图6-116

案例训练：制作镂空的文字转场

素材位置　素材文件＞CH06＞案例训练：制作镂空的文字转场
实例位置　实例文件＞CH06＞案例训练：制作镂空的文字转场
学习目标　学习"轨道遮罩键"效果的用法

本案例训练最终效果如图6-117所示。

图6-117

01 打开Premiere并新建项目，将"素材文件＞CH06＞案例训练：制作镂空的文字转场"文件夹中的"樱花.mp4"和"列车.mp4"文件导入"项目"面板中。将"樱花.mp4"拖曳到"时间轴"面板中创建序列，如图6-118所示。

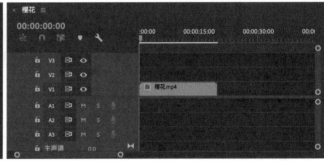

图6-118

02 在菜单栏中执行"文件＞新建＞旧版标题"命令，在弹出的"新建字幕"对话框中输入字幕名称"字幕01"，其余设置保持不变，单击"确定"按钮　确定，如图6-119所示。

图6-119

03 在"字幕"窗口中输入文字"TRAIN"，尽量将字体设置得大一些，如图6-120所示，关闭此窗口。

04 在"项目"面板中找到"字幕01"，将其拖曳到V2轨道上，设置其长度与"樱花.mp4"相同。在"效果"面板中找到"轨道遮罩键"效果，将其拖曳到"时间轴"面板中的"樱花.mp4"上，如图6-121所示。

图6-120

159

05 单击"时间轴"面板中的"航拍2.mp4"，调出"效果控件"面板，设置"轨道遮罩键"下的"遮罩"为"视频2"，在"节目"面板中就可以看到视频填充到文字区域的效果，如图6-122所示。

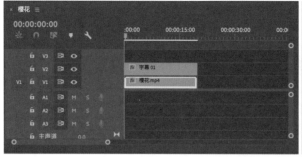

图6-121

图6-122

06 回到"时间轴"面板中，同时选择"字幕01"与"樱花.mp4"两个素材后单击鼠标右键，在快捷菜单中执行"嵌套"命令，对素材进行嵌套操作，方便以后使用，如图6-123所示。

07 将"嵌套序列01"移动到V2轨道上，再将"项目"面板中的"列车.mp4"拖曳到V1轨道上，设置"嵌套序列01"长度与"列车.mp4"一致，如图6-124所示。可以在"节目"面板中看到除文字外的黑色区域都变成了"航拍1.mp4"中的画面，如图6-125所示。

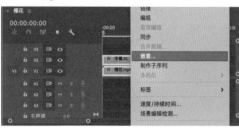

图6-123　　　　　　　　　　　　　　图6-124　　　　　　　　　　　　　　图6-125

08 对"字幕01"进行关键帧设置以实现两段素材之间的转换。双击"嵌套序列01"，在嵌套序列中单击"字幕01"，调出"效果控件"面板。拖曳时间线到00:00:01:00处，单击"缩放"前面的"切换动画"按钮，设置关键帧，如图6-126所示。

09 单击"位置"参数，在"节目"面板中移动位置中心的锚点到文本中存在画面的位置，如图6-127所示。

图6-126　　　　　　　　　　　　　　图6-127

10 将时间线移动到00:00:03:00处，逐渐增加"缩放"参数值，观察"节目"面板中的画面直到文本内"樱花.mp4"覆盖整个画面，如图6-128所示。最终效果如图6-129所示。

图6-128

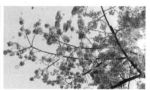

图6-129

6.3.2 高斯模糊

"高斯模糊"效果是模糊效果中的一种，如图6-130所示。在"高斯模糊"效果的"效果控件"面板中可以对模糊方向进行设置，选择是垂直模糊还是水平模糊，如图6-131所示。由于垂直模糊效果和水平模糊效果可以营造出一种物体高速移动时所呈现的"拉影"效果，因此特别适合用在快速变化的转场中。在很多短视频平台上经常可以看到快速变化场景的卡点视频，大多使用较为迅速的转场效果。下面以使用"高斯模糊"效果制作的转场为例，讲解如何让画面中较为明亮的部分形成穿梭的效果，从而在场景中形成炫酷的转场效果。

图6-130

图6-131

案例训练：制作快速变化的转场

素材位置	素材文件＞CH06＞案例训练：制作快速变化的转场
实例位置	实例文件＞CH06＞案例训练：制作快速变化的转场
学习目标	掌握"高斯模糊"效果在转场中的用法

本案例训练最终效果如图6-132所示。

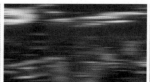

图6-132

01 打开Premiere并新建项目，将"素材文件＞CH06＞案例训练：制作快速变化的转场"文件夹中的"古城路.mp4"和"城市风光.mp4"文件导入"项目"面板中，如图6-133所示。

02 将"古城路.mp4"与"城市风光.mp4"两段素材分别拖曳到"时间轴"面板中的V1轨道上，为其创建序列，如图6-134所示。

图6-133

图6-134

03 在"项目"面板中新建一个调整图层，用于添加转场效果。在弹出的"调整图层"对话框中直接使用默认设置，单击"确定"按钮 **确定**，如图6-135所示。

图6-135

04 新建调整图层，将其拖曳到"时间轴"面板中的V2轨道上，使其位于两段素材的中间位置，如图6-136所示。在"效果"面板中找到"视频效果＞模糊与锐化＞高斯模糊"效果，将其拖曳到V2轨道的"调整图层"上，如图6-137所示。

图6-136

图6-137

05 单击"调整图层"，调出"效果控件"面板，设置"模糊度"为250.0，"模糊尺寸"为"水平"，勾选"重复边缘像素"复选框，如图6-138所示。转场的时间可以通过修改调整图层的长度来更改，本案例训练最终效果如图6-139所示。

图6-138

图6-139

技巧提示："模糊尺寸"参数的注意事项

"模糊尺寸"参数是"水平"还是"垂直",取决于两个画面之间的运镜方向。如果素材A和素材B都是水平方向运镜,那么设置为"水平"可以令转场更加顺滑;如果素材A和素材B都是垂直方向运镜,那么设置为"垂直"可以令转场更加顺滑;若素材A和素材B之间运镜方向不同,取运镜较为明显的一个方向来设置模糊尺寸的方向即可。同时还应注意调整图层时间线的长度,其长度很大程度上会影响转场效果的好坏。

6.3.3 线性擦除

"线性擦除"效果可以通过设置关键帧,从而自动对素材进行边缘擦除,并且其擦除后的区域将变为Alpha通道,如图6-140所示。

图6-140

利用该效果产生的Alpha通道可以使另一素材显现或消失,只需在"效果控件"面板中进行相应设置即可,如图6-141所示。通过对"过渡完成"参数进行调整,可以得到不同的效果,参数分别为0%~100%时的视频过渡效果如图6-142所示。通过这一特性,只需要利用Alpha通道和素材进行结合,便可对其进行简单的转场设置,如图6-143所示。

图6-141

图6-142

图6-143

利用"线性擦除"效果的特性,结合"轨道遮罩键"效果,便可制作出更加高级的转场效果。

案例训练：制作画面分割的转场

素材位置　素材文件＞CH06＞案例训练：制作画面分割的转场
实例位置　实例文件＞CH06＞案例训练：制作画面分割的转场
学习目标　掌握"线性擦除"效果在转场中的用法

本案例训练的最终效果如图6-144所示。

图6-144

01 打开Premiere并新建项目，将"素材文件＞CH06＞案例训练：制作画面分割的转场"文件夹中的"红灯笼.mp4"和"春节灯笼.mp4"文件导入"项目"面板中。将"红灯笼.mp4"拖曳到"时间轴"面板中的V2轨道上创建序列，如图6-145所示。

图6-145

02 仅拖曳"春节灯笼.mp4"的视频部分到"时间轴"面板中的V1轨道上，并且将需要进行过渡的地方与V2轨道上的素材重叠，如图6-146所示。

03 在菜单栏中执行"文件＞新建＞旧版标题"命令，输入字幕名称"字幕01"，在"字幕"窗口中使用"矩形工具" ■绘制一个遮挡视频上半部分的矩形，如图6-147所示。绘制完成后关闭窗口。

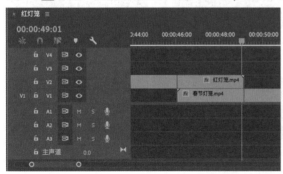

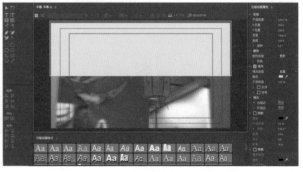

图6-146　　　　　　　　　　　　　　　　　　图6-147

04 在"项目"面板中找到"字幕01",将其拖曳到V3轨道上视频的过渡位置,调整其长度与过渡长度一致,如图6-148所示。

05 在"效果"面板中找到"视频效果＞过渡＞线性擦除"效果,将其拖曳到"时间轴"面板中的"字幕03"上,如图6-149所示。

06 单击"字幕01",调出"效果控件"面板,在时间轴00:00:44:04处单击"过渡完成"前面的"切换动画" 按钮,创建关键帧,设置"过渡完成"为100%,如图6-150所示。再将时间线拖曳到00:00:47:09处,设置"过渡完成"为0%。

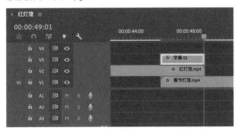

图6-148

图6-149

图6-150

07 按住Alt键和鼠标左键,将"字幕01"向V4轨道拖曳以复制一份,如图6-151所示。调出"效果控件"面板,将时间线拖曳到00:00:47:09处,设置"过渡完成"为100%,创建关键帧,然后删除第一个关键帧,设置"擦除角度"为-90.0°,如图6-152所示。

图6-151　　　　　　　　　　图6-152

08 双击V4轨道上复制的"字幕01",在弹出的"字幕"窗口中将矩形更改为遮挡视频下半部分的矩形,如图6-153所示,效果如图6-154所示。

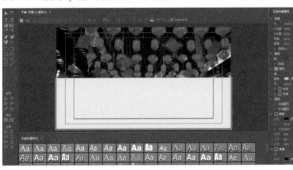

图6-153

图6-154

09 回到"时间轴"面板中,使用"剃刀工具" 在V2轨道的00:00:46:01处分割"红灯笼.mp4",如图6-155所示。

10 同时选择"字幕01"和"字幕01复制01"后单击鼠标右键,在快捷菜单中执行"嵌套"命令,对其进行嵌套操作,如图6-156所示。

图6-155

图6-156

11 在"效果"面板中找到"视频效果＞键控＞轨道遮罩键"效果，将其拖曳到V2轨道"红灯笼.mp4"的后半部分，如图6-157所示。

12 单击应用了"轨道遮罩键"效果的素材，调出"效果控件"面板，设置"遮罩"为"视频3"，"合成方式"为"亮度遮罩"，勾选"反向"复选框，如图6-158所示。本案例训练最终效果如图6-159所示。

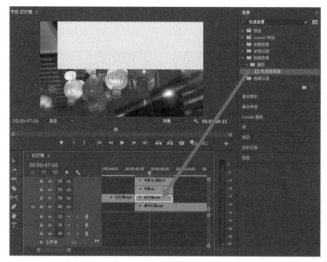

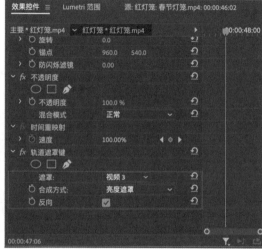

图6-157　　　　　　　　　　　　　　　　　　图6-158

图6-159

6.3.4 蒙版

蒙版转场的原理与轨道遮罩键类似，不过蒙版转场更偏向于利用蒙版和Alpha通道，将相似的事物结合，从而进行两个画面的切换。例如窗户的形状可以用不透明度的蒙版进行绘制，从而在素材中形成一个Alpha通道，如图6-160所示。形成Alpha通道后，就可以在下一层轨道上放置其他的素材来营造另外的景色，如图6-161所示。使用这一效果不仅可以替换窗户，还可以替换门、飞机舷窗等可以绘制蒙版的事物，再通过对素材的放大来进行两个素材之间的切换。

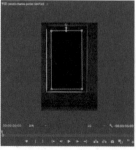

图6-160　　　　　　　　　　　　　　　　　　图6-161

案例训练：制作炫酷瞳孔转场

素材位置　素材文件＞CH06＞案例训练：制作炫酷瞳孔转场
实例位置　实例文件＞CH06＞案例训练：制作炫酷瞳孔转场
学习目标　掌握"蒙版"和"溶解"效果在转场中的用法

　　瞳孔转场近年来在短视频平台上的应用非常广泛，这样的转场效果十分炫酷，非常吸引人，而且制作起来并不困难，只需要在转场中使用"蒙版"效果和"交叉溶解"效果，就可以制作一个炫酷的瞳孔转场。

　　本案例训练的最终效果如图6-162所示。

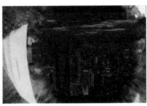

图6-162

01 打开Premiere并新建项目，将"素材文件＞CH06＞案例训练：制作炫酷瞳孔转场"文件夹中的"瞳孔.jpg"和"城市风光.mp4"文件导入"项目"面板中。将"瞳孔.jpg"拖曳到"时间轴"面板上创建序列，再将"瞳孔.jpg"拖曳到V2轨道上，如图6-163所示。

图6-163

02 单击"瞳孔.jpg"，调出"效果控件"面板，选择"不透明度"选项，使用"创建椭圆形蒙版"工具 ，在"节目"面板中对瞳孔部分绘制圆形蒙版，如图6-164所示。设置"蒙版羽化"为10.0，并勾选"已反转"复选框，如图6-165所示。

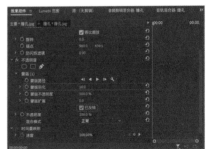

图6-164　　　　　　　　　　　　　　　　　　　　　　　　　图6-165

03 展开"运动"选项，在"节目"面板中拖曳锚点到瞳孔中心，如图6-166所示。将时间线拖曳到00:00:00:00处，单击"缩放"前面的"切换动画"按钮◙，添加关键帧，设置"位置"为100.0。再将时间线拖曳到00:00:01:00处，调整"缩放"参数的大小，直到蒙版内的黑色区域完全显示出来，如图6-167所示。

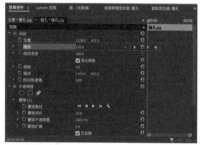

图6-166

图6-167

04 选择所有关键帧后单击鼠标右键，在快捷菜单中执行"贝塞尔曲线"命令，令其缩放效果更自然，如图6-168所示，效果如图6-169所示。

图6-168

图6-169

05 将"项目"面板中的"城市风光.mp4"拖曳到"时间轴"面板中的V1轨道上。在"效果"面板中找到"视频效果>溶解>交叉溶解"效果，将其拖曳到"时间轴"面板的"城市风光.mp4"的起始位置，如图6-170所示。本案例训练的最终效果如图6-171所示。

图6-170

图6-171

技术专题：如何为动态视频添加瞳孔转场

　　如果要为动态视频添加瞳孔转场，可以通过使用"添加帧定格"功能的方式来制作。例如，拍摄一段瞳孔特写镜头后，将时间线拖曳到合适位置，然后单击鼠标右键，在快捷菜单中执行"添加帧定格"命令，如图6-172所示。执行此操作后，素材的后半段会变为静态图像，然后按照案例中的方法制作瞳孔转场即可。

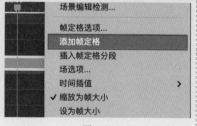

图6-172

6.3.5 亮度

　　任何一个素材都有亮度的分布，其中包括较亮的区域和较暗的区域，而"亮度键"转场效果就是通过使素材中的明亮部分和较暗部分按先后顺序消失，从而显示出另一素材的效果，如图6-173所示。

图6-173

　　通过这一特性，素材中产生的Alpha通道将会以不规则的路径进行显示，因此可以造成一种云雾缭绕的消失或显示效果。传统的转场方式较为明显和直接，但是在有些不同类型的视频中不适用，反而让视频的整体风格较为割裂，"亮度键"转场则可以让素材A画面以分散的形式逐渐过渡到素材B，过渡较为平缓、柔和。

案例训练：制作画面消散转场

素材位置	素材文件＞CH06＞案例训练：制作画面消散转场
实例位置	实例文件＞CH06＞案例训练：制作画面消散转场
学习目标	掌握"亮度键"效果在转场中的用法

　　本案例训练的最终效果如图6-174所示。

图6-174

01 打开Premiere并新建项目，将"素材文件＞CH06＞案例训练：制作画面消散转场"文件夹中的"城市天空.mp4"和"城市延时.mp4"文件导入"项目"面板中。将"城市天空.mp4"和"城市延时.mp4"分别拖曳到"时间轴"面板中创建序列，如图6-175所示。

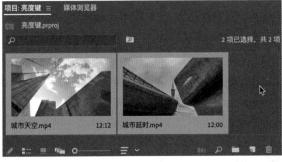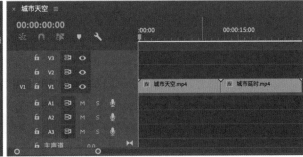

图6-175

02 将"城市天空.mp4"拖曳到V2轨道上，然后将时间线移动到00:00:10:00处，使用"剃刀工具" 对素材进行分割，将其分割为10秒之前与10秒之后。拖曳V1轨道上的"城市延时.mp4"到00:00:10:00处，如图6-176所示。

03 在"效果"面板中找到"视频效果>键控>亮度键"效果，将其拖曳到"城市天空.mp4"被分割的第2段素材上，如图6-177所示。

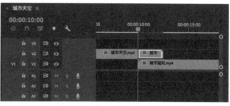

图6-176　　　　　　　　　　　　　　　　　　图6-177

04 单击被分割的素材，调出"效果控件"面板，在00:00:10:00处单击"亮度键"中"阈值"和"屏蔽度"前面的"切换动画"按钮，设置关键帧。设置"阈值"为0.0%，"屏蔽度"为0.0%。再将时间线拖曳到00:00:12:12处，设置"阈值"为100.0%，"屏蔽度"为100.0%，如图6-178所示。

05 选择所有关键帧后单击鼠标右键，在快捷菜单中执行"贝塞尔曲线"命令，如图6-179所示。本案例训练的最终效果如图6-180所示。

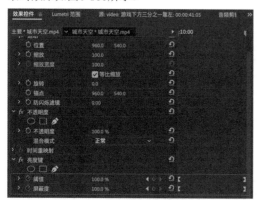
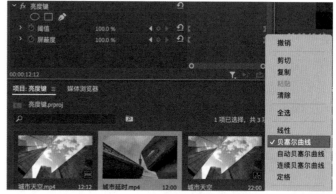

图6-178　　　　　　　　　　　　　　　　　　图6-179

图6-180

6.3.6　湍流置换

"湍流置换"是"视频效果>扭曲"中的效果，将其添加到正常素材中，可以制作出镜头扭曲的效果，如图6-181所示。

回忆式转场常常在电视剧中出现，通过添加与现实产生强烈反差的转场效果，告诉观众此处是回忆片段，如图6-182所示。左图是主角在现实生活中的画面，当主角开始回忆时，回忆画面与现实画面交叉出现。由于回忆画面添加了"湍流置换"效果，便可以明显看出回忆与现实的差别。这样的转场效果可以帮助观众理解剧中的情节变化。

图6-181　　　　　　　　　　　　　　　　　　图6-182

案例训练：制作回忆式转场

素材位置　素材文件＞CH06＞案例训练：制作回忆式转场
实例位置　实例文件＞CH06＞案例训练：制作回忆式转场
学习目标　掌握"湍流置换"效果在转场中的用法

制作回忆式转场时，需要使用有相关性关联的素材，读者在进行素材和转场的选择上需要注意。本案例训练的最终效果如图6-183所示。

图6-183

01 打开Premiere并新建项目，将"素材文件＞CH06＞案例训练：制作回忆式转场"文件夹中的两段素材导入"项目"面板中。将它们拖曳到"时间轴"面板上，"人物侧视.mp4"在前，"海风.mp4"在后，如图6-184所示。

02 在"效果"面板中选择"视频过渡＞溶解＞交叉溶解"效果，将其拖曳到两段素材中间位置，如图6-185所示。

图6-184　　　　　　　　　　　　　　　　　　　　　图6-185

03 在"项目"面板中单击鼠标右键，在快捷菜单中执行"新建项目＞调整图层"命令，在弹出的"调整图层"对话框中单击"确定"按钮，新建一个调整图层，用于添加"湍流置换"效果，如图6-186所示。

04 将"新建图层"拖曳到"时间轴"面板中的V2轨道上，将"新建图层"的长度调整至与"交叉溶解"长度相等，如图6-187所示。

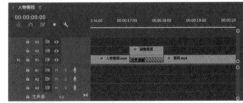

图6-186　　　　　　　　　　　　　　　　　　　　　图6-187

05 在"效果"面板中找到"视频效果＞颜色校正＞Lumetri颜色"效果，将其拖曳到"调整图层"上，如图6-188所示。

图6-188

06 在"时间轴"面板中选择"调整图层",打开"效果控件"面板。在该素材的开始处和结束处设置"Lumetri颜色>色调>曝光"为0.0,创建关键帧,将时间线拖曳至00:00:17:14处,设置"曝光"为2.0,创建关键帧,如图6-189所示。

图6-189

07 选择"调整图层",将其复制至V3轨道上,调整其长度,使其与V2轨道的"调整图层"长度一致,为其添加"视频效果>扭曲>湍流置换"效果,如图6-190和图6-191所示。

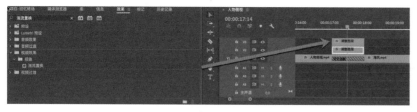

图6-190   图6-191

08 打开V3轨道上"调整图层"的"效果控件"面板,设置"湍流置换"下的"置换"为"扭曲较平滑",在"调整图层"开始处和结束处设置"数量"为0.0,创建关键帧,将时间线拖曳至00:00:17:14处,设置"数量"为50.0,如图6-192所示,本案例训练的最终效果如图6-193所示。

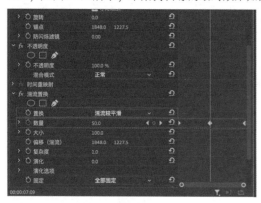

图6-192   图6-193

6.3.7 镜头扭曲

"镜头扭曲"效果可位素材添加模拟的镜头畸变效果,通过畸变效果进行转场切换,如图6-194所示。

曲率为负   曲率为正

图6-194

使用"镜头扭曲"效果可以先制作出与原画面差异较大的图像，然后再逐渐转变为正常画面。在转场的应用中，通常镜头会先扭曲得很夸张，然后通过关键帧逐渐变为正常。这样的扭曲效果非常夸张，就像是时空弯曲了一样。该效果可以用来连接两段不同类型的素材，进行转场效果的制作，如图6-195所示。

图6-195

案例训练：制作时空弯曲的转场

素材位置	素材文件＞CH06＞案例训练：制作时空弯曲的转场
实例位置	实例文件＞CH06＞案例训练：制作时空弯曲的转场
学习目标	掌握"镜头扭曲"效果在转场中的用法

在许多科幻作品中，通常通过视觉上的冲击来实现转场，在Premiere中可以使用"镜头扭曲"效果为两段素材制作具有视觉冲击的时空弯曲转场。

本案例训练的最终效果如图6-196所示。

图6-196

01 打开Premiere并新建项目，将"素材文件＞CH06＞案例训练：制作时空弯曲的转场"文件夹中的"夜晚延时.mp4""开车.mp4""星星穿梭.mov"文件导入"项目"面板中，如图6-197所示。

02 将"夜晚延时.mp4"和"开车.mp4"分别拖曳到"时间轴"面板中创建序列，在"效果"面板中找到"视频效果＞扭曲＞镜头扭曲"效果，分别将其应用到"时间轴"面板的"夜晚延时.mp4"和"开车.mp4"上，如图6-198所示。

图6-197

03 调出"夜晚延时.mp4"的"效果控件"面板，对其进行关键帧设置。找到"镜头扭曲"下的"曲率"选项，将时间线拖曳至00:00:13:00处，单击"切换动画"按钮，为其添加关键帧。将时间线拖曳至00:00:15:00处，将"曲率"修改为－100，以设置曲率变化动画，如图6-199所示。

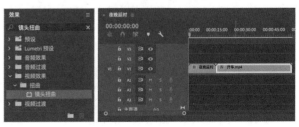

图6-198

04 单击"时间轴"面板中的"开车.mp4",调出"效果控件"面板。将时间线拖曳到00:00:15:00处,单击"切换动画"按钮 ,设置"曲率"为-100。将时间线拖曳到00:00:18:00处,设置"曲率"为0,如图6-200所示。效果如图6-201所示。

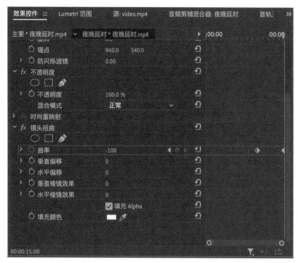

图6-199

图6-200

图6-201

05 将"项目"面板中的"星星穿梭.mov"拖曳到"时间轴"面板中的V2轨道上,将其置于V1轨道上两段素材的过渡位置。单击"星星穿梭.mov",调出"效果控件"面板,设置"缩放"为300.0,如图6-202所示。本案例训练的最终效果如图6-203所示。

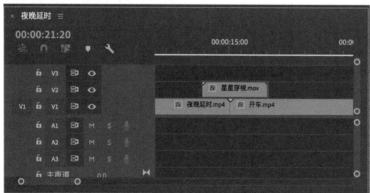

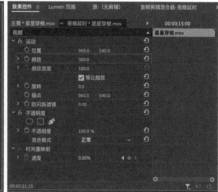

图6-202

图6-203

6.3.8 浮雕

使用"浮雕"效果可以将任意素材模拟成浮雕的样式，如图6-204所示。调整其"起伏"参数，还可以营造出一种像素损坏的感觉，如图6-205所示。

图6-204   图6-205

调整"起伏"参数可以使素材出现错位的效果，可以通过对这种画面效果进行较短时间的保持，然后恢复为之前的画面，从视觉上模拟出信号接收不好的效果，这样制作转场既简单又快速。仅通过"浮雕"效果来模拟信号不良效果还不够，还可以借助"色彩"效果来改善其画面质量。

案例训练：制作像素损坏风格转场

素材位置　素材文件＞CH06＞案例训练：制作像素损坏风格转场
实例位置　实例文件＞CH06＞案例训练：制作像素损坏风格转场
学习目标　学习"色彩"和"浮雕"效果在转场中的用法

通过"色彩"和"浮雕"的结合可以制作出像素损坏风格的转场，此类转场近年来在短视频平台非常受欢迎，无论是快节奏还是慢节奏的短视频都适用此转场。像素损坏风格转场主要通过对画面色彩进行更改，营造一种画面异常的效果。

本案例训练的最终效果如图6-206所示。

图6-206

01 打开Premiere并新建项目，将"素材文件＞CH06＞案例训练：制作像素损坏风格转场"文件夹中的"春季大山.mp4"和"冬季大山.mp4"文件导入"项目"面板中，如图6-207所示。

02 将"春季大山.mp4"拖曳到"时间轴"面板中创建序列，在"项目"面板中双击"冬季大山.mp4"，在"源"面板中将时间线拖曳至00:00:16:00处，设置视频入点，按住"仅拖动视频"按钮，将其拖曳到"时间轴"面板的V1轨道上，如图6-208所示。

图6-207   图6-208

03 将V1轨道上的素材在V2轨道上复制一份，如图6-209所示。将时间线拖曳到00:00:06:11处，按快捷键Shift＋←向左移动15帧，将V2轨道上的素材裁剪到此处，如图6-210所示。

04 将时间线拖曳到00:00:06:11处，按快捷键Shift＋→向右移动15帧，将V2轨道上的素材裁剪到此处，如图6-211所示。

图6-209

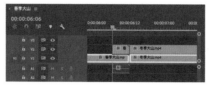

图6-210

图6-211

05 在"效果"面板中分别找到"色彩"和"浮雕"两种效果，将其应用到V2轨道的"春季大山.mp4"上，如图6-212所示。

06 调出V2轨道上"春季大山.mp4"的"效果控件"面板，找到"色彩"选项，设置"将黑色映射到"为橙色（R:255,G:153,B:0），"将白色映射到"为蓝色（R:0,G:156,B:255），如图6-213所示。

图6-212

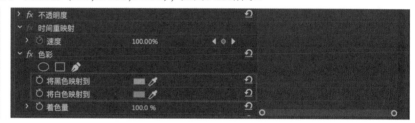

图6-213

07 找到"浮雕"选项，设置"方向"为90.0°，"起伏"为10.00，"对比度"为100，如图6-214所示，设置"混合模式"为强光，如图6-215所示，效果如图6-216所示。

08 同时选择"春季大山.mp4"中的"不透明度""色彩""浮雕"选项，按快捷键Ctrl＋C进行复制，然后切换到V2轨道上的"冬季大山.mp4"的"效果控件"面板中，按快捷键Ctrl＋V进行粘贴，如图6-217所示。本案例训练的最终效果如图6-218所示。

图6-214

图6-215

图6-216

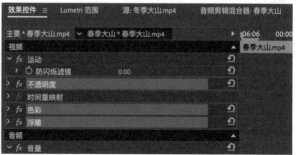

图6-217

图6-218

6.4 综合训练

本节将通过3个综合案例的运用，帮助读者更深入地理解转场，并且学习制作更加炫酷的转场效果。由于Premiere中自带的过渡效果一般无法满足视频制作需求，因此需要与Premiere中的其他功能结合才能制作出更加好看与炫酷的转场。第1个综合训练是结合多种效果制作的合成转场，第2个综合训练将进一步使用蒙版功能制作高级的蒙版转场，第3个综合训练是转场效果与实际视频相结合制作卡点转场视频。

综合训练：制作时空倒流的故障转场

素材位置　素材文件＞CH06＞综合训练：制作时空倒流的故障转场
实例位置　实例文件＞CH06＞综合训练：制作时空倒流的故障转场
学习目标　掌握"VR数字故障"效果、"裁剪"效果和"速度和持续时间"功能的用法

本综合训练将使用"VR数字故障"效果制作现故障的画面，使用"裁剪"效果制作上下颠倒的空间画面，同时还需要使用"速度和持续时间"功能制作时空倒流的效果。

本综合训练最终效果如图6-219所示。

图6-219

1.制作时空倒流效果

01 打开Premiere并新建项目，将"素材文件＞CH06＞综合训练：制作时空倒流的故障转场"文件夹中的"转场1.mp4""转场2.mp4""故障音效.wav"文件导入"项目"面板中。双击打开"转场1"的"源"面板，如图6-220所示。

02 在"源"面板中素材的开始处单击"标记入点"按钮▮，设置入点，在时间线的00:00:05:00处单击"标记出点"按钮▮，设置出点，然后按住"仅拖动视频"按钮▮，将其拖曳到"时间轴"面板中创建序列，如图6-221所示。

图6-220

177

03 以此段素材为基础，制作时空倒流的效果。将时间线拖曳至00:00:04:00处，使用"剃刀工具"  将此处分割，然后按住Alt键和鼠标左键向后拖曳，将分割后的片段复制一份，如图6-222所示。

图6-221　　　　　　　　　　　　　图6-222

04 在复制后的素材片段上单击鼠标右键，在快捷菜单中执行"速度/持续时间"命令，利用该功能制作时空倒流效果，如图6-223所示。

05 由于制作的效果是时空倒流，需要倒放视频，因此在弹出的"剪辑速度/持续时间"对话框中勾选"倒放速度"复选框，完成后单击"确定"按钮 ，如图6-224所示。

06 接下来对音效进行设置。双击"故障音效.wav"，在"源"面板中对该素材的前2秒片段进行截取，然后按住"仅拖动音频"按钮 ，将其拖曳到"时间轴"面板中的00:00:05:00处，至此时空倒流效果制作完毕，如图6-225所示。

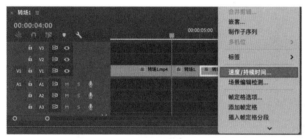

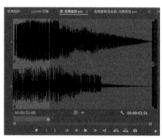

图6-223　　　　　　　　　　图6-224　　　　　　　　图6-225

2.对素材进行故障效果设置

01 将"转场2.mp4"拖曳到"时间轴"面板中的V1轨道上，使其与之前的素材相接，如图6-226所示。

02 将时间线移动至00:00:07:00处，使用"剃刀工具"  对素材进行切割，如图6-227所示。在"效果"面板中找到"VR数字故障"效果，将其应用到"转场1"素材后段和"转场2"素材前段的位置，如图6-228所示。

图6-226

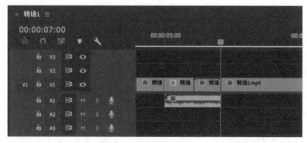

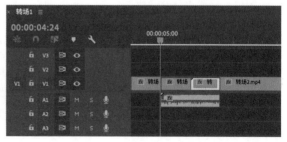

图6-227　　　　　　　　　　　　　图6-228

03 单击调出第1个"VR数字故障"效果的"效果控件"面板,进行关键帧动画设置。将时间线拖曳至00:00:05:00处,取消勾选"自动VR属性"复选框,分别单击"POI缩放"及"随机植入"前面的"切换动画"按钮■,添加关键帧。设置"POI缩放"为0.0,如图6-229所示。将时间线拖曳至00:00:06:00处,修改"POI缩放"为100.0,"随机植入"为40,如图6-230所示。

<table>
<tr><td>图6-229</td><td>图6-230</td></tr>
</table>

04 设置第2个"VR数字故障"的效果,调出其"效果控件"面板,对关键帧动画进行设置。将时间线拖曳至00:00:06:01处,取消勾选"自动VR属性"复选框,单击"随机植入"前面的"切换动画"按钮■,添加关键帧,设置"随机植入"为40。将时间线拖曳至00:00:07:00处,设置"随机植入"为0,如图6-231所示。至此,数字故障的效果设置完成,如图6-232所示。

图6-231

图6-232

3.制作上下颠倒的空间效果

01 选择"时间轴"面板中V1轨道上的所有素材后单击鼠标右键,在快捷菜单中执行"嵌套"命令,将其命名为"嵌套序列01",便于设置效果,如图6-233所示。

02 在"效果"面板中找到"裁剪"效果,将其应用到"嵌套序列01"中。打开"嵌套序列01"的"效果控件"面板,设置"位置"为(960.0,1040.0),"羽化边缘"为20,如图6-234所示。效果如图6-235所示。

图6-233

图6-234

图6-235

03 设置完成后回到"时间轴"面板中，按住Alt键和鼠标左键将V1轨道上的"嵌套序列01"向V2轨道上拖曳，将其复制一份，用来设置颠倒效果，如图6-236所示。

04 单击V2轨道上的"嵌套序列01"，对其进行进一步的效果设置。调出"效果控件"面板，设置"位置"为（960.0，－37.0)，"旋转"为180.0°，如图6-237所示，最终效果如图6-238所示。

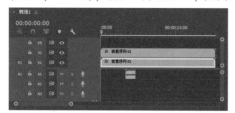

图6-236　　　　　　　　　　　　　　　　　图6-237

图6-238

综合训练：制作动态蒙版转场

素材位置	素材文件＞CH06＞综合训练：制作动态蒙版转场
实例位置	实例文件＞CH06＞综合训练：制作动态蒙版转场
学习目标	掌握关键帧和蒙版的用法

本综合训练将通过关键帧和蒙版的组合，根据物体的运动轨迹来制作炫酷的动态蒙版转场效果。制作蒙版转场一定要注意，使用的素材必须是适合用于蒙版转场的。例如，本综合训练中选用的是列车出站的素材，就可以对列车出站画面进行蒙版设置，从而达到由列车带出下一场景的效果。

本综合训练的最终效果如图6-239所示。

图6-239

1.利用蒙版进行抠像操作

01 打开Premiere并新建项目，将"素材文件＞CH06＞综合训练：制作动态蒙版转场"文件夹中的"列车出站.mp4"文件导入"项目"面板中。将其拖曳到"时间轴"面板中创建序列，如图6-240所示。

图6-240

02 由于要从该素材转场到另一素材，因此需要将"列车出站"素材从V1轨道拖曳至V2轨道，如图6-241所示。接下来对其进行蒙版抠像操作。不同于静态的蒙版抠像，在动态的蒙版抠像中往往需要逐帧抠像，因此要找到列车出站的开始帧，本素材的开始帧在00:00:06:08处，如图6-242所示。

03 调出"效果控件"面板，使用"不透明度"参数下的"自由绘制贝塞尔曲线"工具绘制整个视频的矩形范围边框，单击"切换动画"按钮，添加关键帧，如图6-243所示。

图6-241　　　　　　　　　　图6-242　　　　　　　　　　图6-243

04 按→键将时间线向后移动一帧，同时调整蒙版的范围，确保其尾部贴合在列车的尾部，如图6-244所示。

05 由于已经打开了"蒙版路径"的关键帧按钮，因此在修改蒙版路径时，关键帧会被自动记录。按照上步方法继续向右移动时间线，每一帧都需要进行蒙版路径的修改，以确保蒙版的设置正确，如图6-245所示。

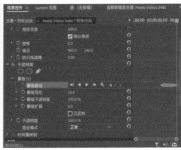

图6-244　　　　　　　　　　　　　　　图6-245

06 完成蒙版的逐帧抠像后，将"蒙版羽化"设置为20.0，以得到蒙版边缘的更好效果，防止抠像不精确而破坏整体效果，如图6-246所示。

> **技巧提示：动态蒙版的更多用法**
>
> 　　使用此方法不仅可以对列车做蒙版抠像操作，还可以做出开门和时间停止等蒙版效果。

图6-246

2.利用嵌套序列进行动画效果制作

01 制作好蒙版后，就可以导入场景2的素材了。将"素材文件＞CH06＞综合训练：制作动态蒙版转场"文件夹中的"炫酷城市.mp4"文件导入"项目"面板中，将其拖曳到"时间轴"面板中的V1轨道上，令其结尾部分与V2轨道上素材的结尾部分对齐，如图6-247所示。

图6-247

02 下面再进行一些点缀效果的设置，常用的是"缩放"效果和"旋转"效果。选择"时间轴"面板中的所有素材后单击鼠标右键，在快捷菜单中执行"嵌套"命令，对其进行嵌套操作，如图6-248所示。

图6-248

03 单击"嵌套序列01"，调出"效果控件"面板。将时间线拖曳至00:00:00:00处，单击"缩放"和"旋转"前面的"切换动画"按钮，设置"缩放"为180.0，"旋转"为25.0°，如图6-249所示。

图6-249

04 将时间线拖曳至00:00:02:24处，设置"缩放"为100.0，"旋转"为0.0°，如图6-250所示。本综合训练的最终效果如图6-251所示。

图6-250

图6-251

综合训练：制作炫酷卡点视频

素材位置	素材文件＞CH06＞综合训练：制作炫酷卡点视频
实例位置	实例文件＞CH06＞综合训练：制作炫酷卡点视频
学习目标	掌握关键帧和蒙版的用法

本章已经学习了很多炫酷的转场效果，以及如何将转场效果应用到实际视频中。本综合训练将结合之前所学转场效果，讲解如何制作卡点视频。制作卡点视频时，节奏是非常重要的，除了可以通过音频文件的波形来判断音乐的鼓点和节奏，还有一种更加便捷的判断节奏的方法，即使用"添加标记"按钮▦。

本综合训练的最终效果如图6-252所示。

图6-252

1.快速、便捷地掌握视频节奏

01 打开Premiere并新建项目，将"素材文件＞CH06＞综合训练：制作炫酷卡点视频"文件夹中的"卡点音乐.wav"文件导入"项目"面板中。双击"卡点音乐.wav"，将时间线拖曳至00:00:14:09处，在"源"面板中截取音频前00:00:14:09的内容，按住"仅拖动音频"按钮 **↦↤**，将其拖曳到"时间轴"面板中的A1轨道上，如图6-253所示。

02 对这段音频的节奏进行处理。好的节奏便于剪辑，以及制作出更加好玩的视频。本案例使用另外一种高效率的节奏工具，即使用"添加标记"按钮 或按M键对节奏进行标记。在"时间轴"面板中播放该音频，一边听节奏一边单击M键，对音频重音部分节奏进行标记，如图6-254所示。

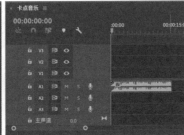
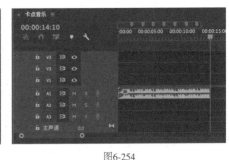

图6-253　　　　　　　　　　　　　　　　　　　图6-254

03 可以看到，此段视频中根据节奏设置了7个标记，因此至少需要8段素材片段才可以进行卡点视频制作。将"素材文件＞CH06＞综合训练：制作炫酷卡点视频"文件夹中的"卡点1.mp4"至"卡点8.mp4"文件导入"项目"面板中，如图6-255所示。

04 根据需求为每段音频选取合适的画面，配合标记出的节奏点插入各段素材中。以卡点1位置为例，双击调出"源"面板，将时间线拖曳至00:00:02:03处，截取该段素材的前2.03秒作为插入的视频，按住"仅拖动视频"按钮 ，将其拖曳到"时间轴"面板的V1轨道上的第1个卡点位置，如图6-256所示。使用同样的方法，将所有的空缺填满即可，如图6-257所示。

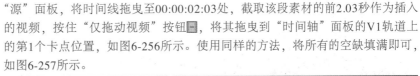

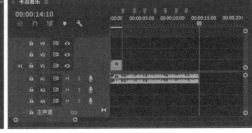

图6-255　　　　　　　　　　　　　　　　　　图6-256

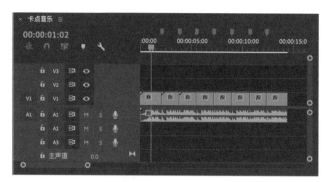

图6-257

2.添加转场效果

01 视频部分的卡点制作完成后，就可以在此基础上利用Premiere中自带的转场效果或通过添加插件快速地添加转场效果，在这里使用"RG universe transitions"插件设置转场。

02 可以在"效果"面板中的"视频过渡>RG universe transitions"列表中找到合适的转场效果，将其拖曳到两段素材的衔接处，如图6-258所示。

03 也可以在菜单栏中执行"窗口>扩展>RG Universe Dashboard"命令，打开该插件窗口，如图6-259所示。在该插件的窗口中，选择"UNIVERSE>TRANSITIONS"选项即可预览全部转场效果，如图6-260所示。

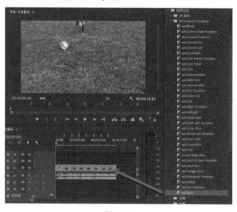

图6-258

图6-259

图6-260

04 若要应用某一效果，可以在"时间轴"面板中选择需要应用效果的素材，然后单击插件中的"Apply Effect"（应用效果）按钮 ，如图6-261所示。最终效果如图6-262所示。

图6-261

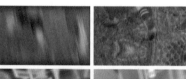

图6-262

第 **7** 章 视频效果的添加

■ 学习目的

　　Premiere 拥有强大且丰富的效果，熟练应用这些效果，不仅可以为短视频画面效果增添更多可能性，还能够进一步提升短视频的制作水平。由于短视频制作不仅是剪辑与拼接，更多的是让软件为制作服务，因此熟练掌握视频效果是从初学到进阶的一个重要分水岭。

■ 主要内容

· 理解什么是视频效果
· 学习为视频添加效果
· 学习通过多种方式制作想要的视频效果
· 学习高级视频效果的制作方法

7.1 视频效果是什么

熟练使用视频效果可以让视频制作更加专业。视频创作的过程不仅是剪辑的过程，更重要的是对素材的整体调整，包括声音、画面和效果等的调整。视频效果是指可以应用在视频中烘托气氛，使视频更加多元化的视觉效果。

在Premiere中，可以为视频添加软件中预置的效果。图7-1所示分别为没有添加视频效果的原视频画面和添加了视频效果的视频画面。从广义上讲，视频效果可以泛指一切添加到视频中的、为视频增色的元素，也可以指一切作用于视频中的、可以改变视频画面的效果。图7-2所示为未添加任何元素的原视频和经过视效处理的视频。

图7-1

图7-2

7.2 基础视频效果

Premiere中共有18组基础视频效果，如图7-3所示。在这些效果组中经常使用到的有"变换"效果组，可对视频进行更改和变换；"杂色与颗粒"效果组，可为素材添加模拟效果；"通道"效果组，可对剪辑通道进行调整；"键控"效果组，包括多种抠图方法；"颜色校正"效果组，可对素材进行调色处理（该效果组和"图像控制""过时"效果组会在第8章讲解）；"风格化"效果组，可模拟各种类型的风格。下面对常用的基础效果进行详细的讲解。

图7-3

7.2.1 变换

"变换"效果组包含"垂直翻转""水平翻转""羽化边缘""自动重构""裁剪"5种效果，如图7-4所示。

1.垂直翻转

该效果可以使素材画面以垂直的方式进行上下翻转，如图7-5所示。

2.水平翻转

该效果可以使素材画面以水平的方式进行左右翻转，如图7-6所示。

图7-4

图7-5

图7-6

3.羽化边缘

使用该效果可以对素材的边缘进行模糊处理，在"效果"面板中可以设置"数量"值，值越大，边缘模糊程度越高，最高可达100，如图7-7所示。

4.自动重构

自动重新效果可以自动调整视频与画面的比例，可按照1：1、9：16、16：9等不同比例来优化影片内容。该功能可应用于单个画面或整个序列的重新构图。例如，在分辨率为720P的序列中为其添加"自动重构"效果，即可让素材缩放与画面比例相适应，如图7-8所示。

图7-7

图7-8

5.裁剪

使用该效果，可以通过调整"效果控件"面板中的参数来设置画面裁剪的大小，如图7-9所示。

重要参数详解

◇ **左侧、顶部、右侧、底部：**分别调整对应画面各个方位裁切的比例。例如将"左侧"参数设置为50.0%后的画面前后对比效果，如图7-10所示。

图7-9

◇ **缩放：**勾选后可自动将裁减后的画面按照画布大小平铺于整个画面，如图7-11所示。

◇ **羽化边缘：**可以使裁切的边缘过渡得更为柔和，将"羽化边缘"设置为160.0%，效果如图7-12所示。

图7-10　　　　　　　　　　　图7-11　　　　　　　　图7-12

案例训练：制作电影开场intro遮幅变化

素材位置	素材文件＞CH07＞案例训练：制作电影开场intro遮幅变化
实例位置	实例文件＞CH07＞案例训练：制作电影开场intro遮幅变化
学习目标	掌握"裁剪"效果的用法

短片或电视剧的画面通常平铺于整个荧幕上，而电影画面因为有上下的黑边就给人一种"电影感"。虽然电影感不仅是两个黑边就可以完全模仿的，除此之外还要有拍摄设备、灯光和录音等因素的共同影响才能让一个视频产生"电影感"。但利用"裁切"效果的黑边来营造电影感，可以在视频的制作中给观众一种"仿电影感"。

本案例训练最终的效果如图7-13所示。

图7-13

01 打开Premiere并新建项目，将"素材文件＞CH07＞案例训练：制作电影开场intro遮幅变化"文件夹中的"电影开场.mp4"文件导入"项目"面板中，将其拖曳到"时间轴"面板中创建序列，如图7-14所示。

02 在"效果"面板中找到"视频效果＞变换＞裁剪"效果，双击"裁剪"效果或将其拖曳到"时间轴"面板中的"电影开场.mp4"上。在"时间轴"面板中单击"电影开场.mp4"，调出"效果控件"面板，如图7-15所示。

图7-14 图7-15

03 进行模拟电影画面的上下黑边的操作。将时间线拖曳到00:00:00:00处，单击"顶部"和"底部"前面的"切换动画"按钮 ，添加关键帧。将时间线拖曳到00:00:01:00处，修改"顶部"和"底部"的参数值为10.0%，如图7-16所示，效果如图7-17所示。

图7-16 图7-17

04 此时的动画效果稍显生硬，选择时间轴中所有关键帧后单击鼠标右键，在弹出的快捷菜单中执行"贝塞尔曲线"命令，使动画更加流畅，如图7-18所示。本案例训练的最终效果如图7-19所示。

图7-18 图7-19

7.2.2 实用程序

"实用程序"效果组只有"Cineon转换器"一种效果，"Cineon转换器"效果主要用于对素材进行色彩转换，如图7-20所示。

图7-20

重要参数详解

◇ **转换类型：** 包括"线性到对数""对数到线性""对数到对数"3种模式，每一种模式都会更改其余的参数值，如图7-21所示。

◇ **10位黑场：** 主要调整画面中10比特色彩范围内黑点的数量比重，当10比特色彩范围内白点数量为0时，黑点数量越多，画面越黑，如图7-22所示。

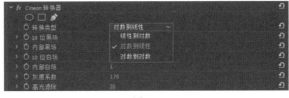

图7-21

◇ **内部黑场：** 主要调整内部黑点的比重，值只能是0或1，如图7-23所示。

图7-22   图7-23

◇**10位白场：** 主要调整10位白点（画面中10比特色彩范围中的白点）的数量比重，10比特色彩范围内黑点数量为0时，白点数量越多，画面越白，如图7-24所示。

◇ **内部白场：** 主要用于调整内部白点的比重，与"内部黑场"一样，值只能为0或1，如图7-25所示。

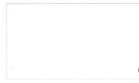

图7-24   图7-25

◇ **灰度系数：** 主要用于调整中间调的明和暗，值越小画面越偏白，如图7-26所示。

◇ **高光滤除：** 用于设置高光的范围，值越大高光区域的对比度越高，如图7-27所示。

图7-26   图7-27

7.2.3 扭曲

"扭曲"效果组包含"偏移""变形稳定器""变换""放大""旋转扭转""果冻效应修复""波形变形""湍流置换""球面化""边角定位""镜像""镜头扭曲"12种效果，如图7-28所示。

图7-28

以下介绍几种常用的效果。

1.偏移

可以让画面进行垂直和水平方向的移动，且移动后画面的空缺的部分会自动进行填补，主要用在视频与序列无法匹配，又需要填补空缺部分时。此效果还经常被运用到偏移转场中，如图7-29所示。

图7-29

重要参数详解

◇ **将中心移位至：** 可以设定填补空缺部分的内容有多少，当参数为（960.0，935.0）时，画面效果如图7-30所示。

◇ **与原始图像混合：** 可调整未偏移之前画面的不透明度，如图7-31所示。

图7-30 图7-31

2.变形稳定器

现在很多视频都是用手持设备拍摄的，难免会有镜头抖动问题。使用Premiere中的"变形稳定器"效果就可以使画面稳定。为素材添加此效果后，Premiere会自动进行计算分析，如图7-32所示。

在为素材添加"变形稳定器"效果后，素材就会变得相对稳定，但同时画面也会有一定的裁减。如果"变形稳定器"效果不理想，还可在"效果控件"面板中对其进行进一步的调整，如图7-33所示。

图7-32 图7-33

重要参数详解

◇ **稳定化**

» **结果：** 该选项包含两种运动方式，如图7-34所示。

· **平滑运动：** 保持原始移动方式，使画面更平滑。

· **不运动：** 消除拍摄中的所有摄像机运动，一般用于所拍摄的对象只有一部分在整个画面中的素材。

· **平滑度：** 稳定摄像机运动的程度，值越小越接近摄像机原来的运动效果，值越大画面越平滑、稳定，但值越大也意味着有更多的裁剪。

· **方法：** 指定变形稳定器的预设稳定器效果，共有4种方式，默认为"子空间变形"，如图7-35所示。

· **位置：** 稳定仅基于位置数据。

· **位置，缩放，旋转：** 稳定基于位置、缩放和旋转数据。

· **透视：** 将整个帧边角有效固定的稳定类型，如果没有足够的区域用于跟踪，变形稳定器将选择"位置，缩放，旋转"选项。

· **子空间变形：** 以不同的方式将画面中的各部分变形以稳定整个画面。如果没有足够的区域用于跟踪，变形稳定器将选择"透视"选项。

图7-34

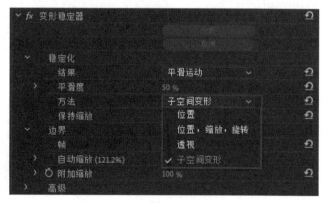

图7-35

◇ 边界

素材处理移动边缘的方式。

　　» **帧**：共4种方式，如图7-36所示。

　　· **仅稳定**：仅对视频做稳定处理，但不进行任何裁剪。因此，视频边缘可能会由于计算而有一定程度的变形或移动。

　　· **稳定，裁剪**：裁剪运动的边缘但不缩放图像；"稳定，裁剪"即使用"稳定，裁剪，自动缩放"方式并将"最大缩放"设置为100%时的状态。

　　· **稳定，裁剪，自动缩放**：通过裁剪运动的边缘，并扩大图像，以此来重新填充画面。

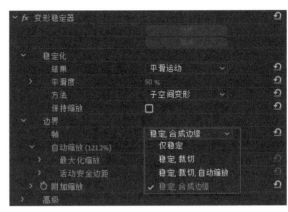

图7-36

　　· **稳定，合成边缘**：通过前后画面中的内容填充为运动边缘创建空白区域。

　　» **自动缩放**：显示当前的自动缩放量，一般情况下不能进行设置，保持默认即可，其效果会跟随稳定效果自动进行设置。

　　· **最大化缩放**：实现画面稳定并按比例增加剪辑的最大量。

　　· **活动安全边距**：如果是非零的值，则会在预计不可见的图像的边缘周围指定边界。

　　» **附加缩放**：通过使用"变换"中的"缩放"参数相同的方式来放大画面，同时避免对图像进行额外的重新取样。

◇ 高级

可为"变形稳定器"效果的计算进行详细设置，默认情况下不修改，其值会自动进行变化。

3.变换

　　"变换"效果主要是对素材的各种可视化的变换效果进行更改，具体参数可在"效果控件"面板中进行调整，如图7-37所示。

4.放大

　　"放大"效果主要用于对素材进行局部放大操作，如图7-38所示。通过"放大"效果可以制作当下流行的综艺放大人头效果，如图7-39所示。具体参数可在"效果控件"面板中进行调整，如图7-40所示。

图7-37

图7-38

图7-39

图7-40

重要参数详解

◇ **形状:** 设置素材中放大部分的显示形状,可选择"圆形"或"正方形",如图7-41所示。

◇ **中央:** 设置放大效果的中心点,当中心点分别为(885.0,725.0)和(885.0,535.0)时,效果如图7-42所示。

图7-41   图7-42

◇ **放大率:** 设置放大的值,值越大放大效果越强,当放大率分别为150.0和250.0时,效果如图7-43所示。

◇ **大小:** 设置放大区域的大小,值越大放大区域越大,当放大值分别为250.0和400.0时,效果如图7-44所示。

图7-43   图7-44

◇ **羽化:** 设置放大形状的边缘羽化效果,值越大羽化效果越强,如图7-45所示。

◇ **不透明度:** 设置放大部分的不透明度,值越小放大部分不透明度越小,如图7-46所示。

图7-45   图7-46

5.旋转扭曲

使素材形成旋转扭曲变形的效果,如图7-47所示。利用该效果可以制作动画片头,如图7-48所示。具体参数可在"效果控件"面板中进行调整,如图7-49所示。

 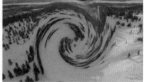

图7-47

图7-48

图7-49

重要参数详解

◇ **角度:** 设置旋转扭曲的角度,角度越大旋转扭曲的效果越强。

◇ **旋转扭曲半径:** 设置旋转扭曲的范围,值越大旋转扭曲的区域越大。

◇ **旋转扭曲中心:** 设置效果旋转的中心点,默认为素材的中心位置。

6.波形变形

为素材添加波纹形状的变形效果，效果对比如图7-50所示。在"效果控件"面板中可进行参数调整，如图7-51所示。

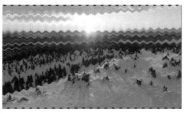

图7-50 图7-51

重要参数详解

◇ **波形类型：** 设置波纹的形状，如图7-52所示。

  » **正弦：** 设置波纹形状为类似波浪的正弦函数图像，如图7-53所示。

  » **正方形：** 设置波纹形状为正方形，如图7-54所示。

图7-52 图7-53 图7-54

  » **三角形：** 设置波纹形状为三角形，如图7-55所示。

  » **锯齿：** 设置波纹形状为锯齿形，类似于锯子的边缘，如图7-56所示。

  » **圆形：** 设置波纹形状为圆形，如图7-57所示。

  » **半圆形：** 设置波纹形状为半圆形，如图7-58所示。

图7-55 图7-56 图7-57 图7-58

  » **逆向圆形：** 设置波纹形状为参差的逆向圆形图案，如图7-59所示。

  » **杂色：** 设置波纹边缘为杂色模糊形状，如图7-60所示。

  » **平滑杂色：** 设置波纹边缘为平滑的杂色，如图7-61所示。

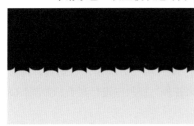

图7-59 图7-60 图7-61

◇ **波形高度：** 设置波形的高度，值越大波形高度越高。

◇ **波形宽度：** 设置波形的宽度，值越大波形宽度越宽。

◇ **方向：** 设置波形的方向。

◇ **波形速度：**设置波形移动的速度，值越大波形移动速度越快，值为0时不移动。

◇ **固定：**设置波形的固定方式。

◇ **相位：**设置波形的位置。

◇ **消除锯齿（最佳品质）：**设置波形效果添加后消除锯齿的程度。

7.湍流置换

　　"湍流置换"效果作为一种常用的效果，应用非常广泛，不仅可以用来制作动画效果，也可以用来制作转场，因此"湍流置换"效果不仅在Premiere中有所应用，在After Effects中也经常被用到。要灵活地使用"湍流置换"效果，就需要对湍流置换的原理有一定的了解。在"效果控件"面板中可进行参数调整，如图7-62所示。

图7-62

重要参数详解

◇ **数量：**控制扭曲效果程度，值越大扭曲变形的程度越高，值分别为0.0和50.0时的效果对比如图7-63所示。

◇ **大小：**控制扭曲区域程度，值越大扭曲区域越大，扭曲的范围越广，值分别为0.0和100.0时的效果对比如图7-64所示。

图7-63

图7-64

◇ **偏移（湍流）：**创建扭曲部分的形状。

◇ **复杂度：**确定湍流的复杂程度，值越小扭曲越平滑简单，值越大扭曲越复杂越抽象，值分别为1.0和3.0时的效果对比如图7-65所示。

◇ **演化：**为"演化"设置动画关键帧，将使"偏移"随时间变化，即"偏移"可以不断进行演化。

图7-65

◇ **演化选项：**用于提供控件，以便在一次短循环中渲染效果，然后在图层持续时间内循环该效果；使用这些控件可预渲染循环中的偏移元素，从而缩短渲染时间。

◇ **固定：**指定要固定的边缘，以使沿这些边缘的像素不进行置换。

8.球面化

　　"球面化"效果可使平面化的素材中的部分以类似球形的方式进行呈现，效果如图7-66所示。通过"球面化"效果可以制作鱼眼镜头的效果，如图7-67所示。具体参数设置可在"效果控件"面板中进行查看，如图7-68所示。

图7-66

图 7-67

图7-68

重要参数详解

◇ **半径：** 设置球面化效果的半径，值越大球面效果作用区域越大。

◇ **球面中心：** 设置球面化效果的中心，默认以素材中心为球面中心。

9.边角定位

可以对素材进行类似三维空间的位置改变，如图7-69所示。在"效果控件"面板中的具体参数设置如图7-70所示。

可通过对素材的"左上""右上""左下""右下"4个点的x轴、y轴坐标进行调整，制作透视效果，也可以单击任意位置选项，在"节目"面板中直接拖曳⊕来调整位置，如图7-71所示。

图7-69 　　　　　　　　　　　图7-70 　　　　　　　　　　　图7-71

案例训练：更改计算机屏幕内容

素材位置	素材文件＞CH07＞案例训练：更改计算机屏幕内容
实例位置	实例文件＞CH07＞案例训练：更改计算机屏幕内容
学习目标	学习"边角定位"效果的用法

使用"边角定位"效果可以更改素材的边角位置，在一些有手机或计算机屏幕的画面中就可以利用"边角定位"效果来实现换屏的效果。

本案例训练的最终效果如图7-72所示。

01 打开Premiere并新建项目，将"素材文件＞CH07＞案例训练：更改计算机屏幕内容"文件夹中的"计算机屏幕.jpg"和"更换屏幕.jpg"文件导入"项目"面板中，如图7-73所示。

图7-72 　　　　　　　　　　　图7-73

02 拖曳"计算机屏幕.jpg"到"时间轴"面板中创建序列，将"更换屏幕.jpg"拖曳到V2轨道上，如图7-74所示。

03 单击"更换屏幕.jpg"调出"效果控件"面板，设置"位置"为（3053.0,1189.0），"缩放"为43.0，如图7-75所示，效果如图7-76所示。

图7-74 　　　　　　　　　　　图7-75 　　　　　　　　　　　图7-76

04 可以看到V2轨道上的素材并未与计算机屏幕完全贴合，此时就需要用到"边角定位"效果。在"效果控件"面板中找到"视频效果>扭曲>边角定位"效果，将其应用到V2轨道的素材上，如图7-77所示。

05 在"效果控件"面板中找到"边角定位"选项，设置"左上"为（－154.8，－6.1），"右上"为（5598.7，－57.3），"左下"为（－112.9,3566.0），"右下"为（5556.8,3552.0），如图7-78所示，最终效果如图7-79所示。

图7-77   图7-78   图7-79

10.镜像

使用"镜像"效果可以使素材形成对称的镜像效果，如图7-80所示。在"效果控件"面板中可进行参数调整，如图7-81所示。

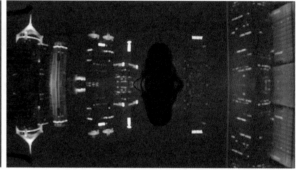

图7-80

图7-81

重要参数详解

◇ **反射中心：** 设置反射效果的中心位置。

◇ **反射角度：** 设置反射效果的角度，可形成上下镜像或左右镜像的不同效果。

案例训练：制作搞笑对称画面

素材位置	素材文件＞CH07＞案例训练：制作搞笑对称画面
实例位置	实例文件＞CH07＞案例训练：制作搞笑对称画面
学习目标	学习"镜像"效果的用法

"搞笑"通常指的是一种视频网站上较为常见的原创视频类型，该类视频以高度同步、快速重复的素材配合BGM来达到喜感效果，或者通过视频（音频）剪辑出一段画面（声音）重复频率极高的视频。

本案例训练的最终效果如图7-82所示。

图7-82

01 打开Premiere并新建项目，将"素材文件＞CH07＞案例训练：制作搞笑对称画面"文件夹中的"人物绿幕.mp4""沙滩背景.mp4"文件导入"项目"面板中。分别将"沙滩背景.mp4"与"人物绿幕.mp4"拖曳到"时间轴"面板中的V1与V2轨道上，如图7-83所示。

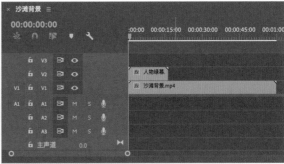

图7-83

02 在"效果"面板中找到"视频效果＞键控＞超级键"效果，将其应用到"人物绿幕.mp4"上，调出"效果控件"面板，如图7-84所示。使用"主要颜色"的"吸管工具" 吸取"人物绿幕.mp4"的绿色背景，对人物进行抠像，如图7-85所示。

03 回到"人物绿幕.mp4"的"效果控件"面板中，设置"位置"为（801.0,589.0），"缩放"为90.0，如图7-86所示。

图7-84　　　　　　　　　　　图7-85　　　　　　　　　　　图7-86

04 在"效果"面板中找到"视频效果＞扭曲＞镜像"效果，将其应用到"人物绿幕.mp4"中。在"效果控件"面板中找到"镜像"中的"反射中心"选项，设置"反射中心"为（1097.8,585.9），如图7-87所示。最终效果如图7-88所示。

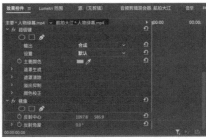

图7-87　　　　　　　　　　　　　　　　　图7-88

技巧提示："镜像"效果的延伸

使用"镜像"效果可以让素材画面形成对称的效果，在特定素材中可以营造出不同的效果。例如，在画面中有接近50%的区域是天空时，就可以利用上下对称的镜像营造在云雾中穿梭的效果，如图7-89所示。具体关于"镜像"效果的使用方法需要读者自己摸索。

图7-89

11.镜头扭曲

该效果可以调整素材在水平和垂直方向上的扭曲程度，如图7-90所示。在"效果控件"面板中可进行参数调整，如图7-91所示。

图7-90　　　　　　　　　　　　　　　　　　　　　图7-91

重要参数详解

◇ **曲率：** 设置水平和垂直方向上的弯曲程度，值越大水平和垂直方向上的弯曲程度越大。当值大于0时，显示的效果是素材向内弯曲；当数值小于0时，显示的效果是素材向外弯曲。

◇ **垂直偏移：** 设置素材的垂直侧的偏移程度。

◇ **水平偏移：** 设置素材的水平侧的偏移程度。

◇ **垂直棱镜效果：** 为素材设置垂直方向上类似棱镜的效果。

◇ **水平棱镜效果：** 为素材设置水平方向上类似棱镜的效果。

◇ **填充Alpha：** 是否需要对Alpha通道进行填充，若勾选，则可在下方的填充颜色中选择填充Alpha通道的颜色。

7.2.4 时间

"时间"效果组包含"残影"和"色调分离时间"两种效果，如图7-92所示，本小节主要对"残影"效果进行讲解。"残影"效果可以使素材实现多个影子的效果，如图7-93所示。在"效果控件"面板中可进行参数调整，如图7-94所示。

图7-92　　　　　　　　　　图7-93　　　　　　　　　　图7-94

重要参数详解

◇ **残影时间（秒）：** 当值为负数时，残影重复之前出现过的画面；当值大于0时显示的残影为之后的画面；通常设置为负数。

◇ **残影数量：** 总共出现的残影数量，值越大出现残影的数量越多。

◇ **起始强度/衰减：** 调整残影强度的参数，起始强度值越大残影效果越强；衰减值越大残影效果越弱。

◇ **残影运算符：** 残影显示的各种模式，不同的模式对应不同的显示效果，根据需求进行选择即可，通常选择"最大值"选项，如图7-95所示。

图7-95

技术专题：为什么添加的残影效果无法显示

按照以下步骤即可对素材添加残影效果。将需要添加残影效果的素材多复制一份并覆盖原素材，如图7-96所示。对更改层级轨道上的素材添加"残影"效果，在"效果控件"面板中修改"不透明度"参数，通常设置为50%~80%，然后对残影效果进行设置，如图7-97所示。

图7-96

图7-97

7.2.5 杂色与颗粒

"杂色与颗粒"效果组包含"中间值（旧版）""杂色""杂色Alhpa""杂色HLS""杂色HLS自动""蒙尘与划痕"6种效果，如图7-98所示。下面介绍几种主要的效果。

图7-98

1.中间值（旧版）

可以对像素进行替换，并且可以选择指定半径的邻近像素的中间颜色，如图7-99所示。可在"效果控件"面板中调整参数，如图7-100所示。

图7-99

图7-100

重要参数详解

◇**半径：** 设置效果作用的半径范围，值越大，作用的相邻像素越多，效果越明显，同一素材的"半径"值分别为30.0和50.0时的效果如图7-101所示。

图7-101

2.杂色

可以为素材添加颜色颗粒效果,当同一素材的"杂色数量"值分别为0.0%和40.0%时的效果对比如图7-102所示。在"效果控件"面板中可调整参数,如图7-103所示。

图7-102

图7-103

重要参数详解

◇ **杂色数量:** 设置画面中的颗粒数量,值越大画面中的颗粒越多。

◇ **杂色类型:** 设置颗粒是否有颜色,勾选后面的"使用颜色杂色"复选框后,素材中的颗粒会以有颜色的颗粒方式显示。

3.杂色Alpha

与"杂色"效果相似,但比"杂色"效果有更多参数可供调整。当同一素材的杂色Alpha的"数量"值分别为0.0%和50.0%时的画面效果如图7-104所示。在"效果控件"面板中可调整参数,如图7-105所示。

图7-104

图7-105

重要参数详解

◇ **杂色:** 选择杂色的类型。

◇ **数量:** 设置杂色颗粒的数量,值越大杂色颗粒越多。

◇ **原始Alpha:** 设置杂色的显示方式。

4.杂色HLS

与"杂色"效果相似,同时还可以对画面的色相、亮度和饱和度等参数进行设置,在其"效果控件"面板中的可调整参数,如图7-106所示。

图7-106

5.杂色HLS自动

与"杂色HLS"效果基本相同,可在其"效果控件"面板中调整"杂色动画速度",如图7-107所示。"杂色动画速度"的值越大,杂色在视频中的运动速度就越快。

图7-107

6.蒙尘与划痕

"蒙尘与划痕"效果与"中间值(旧版)"效果相似,如图7-108所示。在"效果控件"面板中可调整参数,如图7-109所示。

图7-108

图7-109

重要参数详解

◇ **半径:** 值越大"蒙尘与划痕"效果越明显。

◇ **阈值:** 值越大"蒙尘与划痕"效果越不明显。

7.2.6 模糊与锐化

"模糊与锐化"效果组包含"减少交错闪烁""复合模糊""方向模糊""通道模糊""钝化蒙版""锐化""高斯模糊"7种效果，如图7-110所示。下面介绍几种主要的效果。

图7-110

1.复合模糊

使用"复合模糊"效果是指使用指定图像（用作映射图像）的指定通道来模糊对象，例如指定红色、绿色、蓝色、杂色Alpha或亮度通道来创建模糊形状，如图7-111所示。在"效果控件"面板中可调整参数，如图7-112所示。

图7-111　　　　　　　　　　　　　　　　图7-112

重要参数详解

◇ **模糊图层：**选择进行模糊的轨道图层。

◇ **最大模糊：**设置最大模糊效果的值。

◇ **如果图层大小不同：**可以选择是否伸缩对应图层来适合素材。

◇ **反转模糊：**另一种模糊效果，将模糊效果反过来，如图7-113所示。

图7-113

2.方向模糊

使用"方向模糊"效果可以对素材进行特定角度和长度的模糊，如图7-114所示。在"效果控件"面板中可调整参数，如图7-115所示。

图7-114　　　　　　　　　　　　　　　　图7-115

重要参数详解

◇ **方向：**设置模糊的方向。

◇ **模糊长度：**设置模糊的长度，值越大模糊长度越长，模糊效果越明显。

技巧提示： "模糊长度"不能为0

设置模糊方向后要确保"模糊长度"值不能为0，否则将无法观察到所设置的模糊效果。

3.通道模糊

使用该效果可以分别对RGB通道上的红、绿、蓝和Alpha通道进行模糊处理，如图7-116所示。在"效果控件"面板中可调整参数，如图7-117所示。

图7-116   图7-117

重要参数详解

◇ **红色模糊度：** 设置RGB通道上红色通道的模糊程度，值越大模糊程度越高。

◇ **绿色模糊度：** 设置RGB通道上绿色通道的模糊程度，值越大模糊程度越高。

◇ **蓝色模糊度：** 设置RGB通道上蓝色通道的模糊程度，值越大模糊程度越高。

◇ **Alpha模糊度：** 设置Alpha通道的模糊程度，值越大模糊程度越高。

◇ **边缘特性：** 勾选"重复边缘像素"复选框，可以去除因模糊带来的黑边，如图7-118所示。

◇ **模糊维度：** 设置模糊的方向，包括"水平和垂直""水平""垂直"选项，如图7-119所示。

图7-118   图7-119

4.钝化蒙版

使用"钝化蒙版"效果可在对素材进行模糊的基础上同时调整素材的曝光和对比度，如图7-120所示。在"效果控件"面板中可调整参数，如图7-121所示。

图7-120   图7-121

重要参数详解

◇ **数量：** 设置颜色差别值的大小，值越大颜色差别越大。

◇ **半径：** 设置颜色边缘产生差别的范围，值越大颜色边缘产生差别的范围越大。

◇ **阈值：** 设置颜色边缘许可范围，值越大效果越不明显。

5.锐化

使用"锐化"效果可以快速聚焦素材模糊的边缘，提高画面清晰度，如图7-122所示。在"效果控件"面板中可调整参数，如图7-123所示。

图7-122

图7-123

重要参数详解

◇ **锐化量：**控制素材的锐化程度，值越大画面的锐化程度越高。

6.高斯模糊

"高斯模糊"效果是一种可让素材的模糊不那么"刺眼"的效果，能使素材的模糊更平滑，如图7-124所示。其"效果控件"面板中可调整参数，如图7-125所示。

图7-124

图7-125

重要参数详解

◇ **模糊度：**设置素材的模糊度，值越大素材模糊程度越高。

◇ **模糊尺寸：**设置模糊的方向，包括"垂直""水平""水平和垂直"选项。

◇ **重复边缘像素：**勾选后素材的黑边会消失。

案例训练：模拟日剧片头

素材位置　素材文件＞CH07＞案例训练：模拟日剧片头
实例位置　实例文件＞CH07＞案例训练：模拟日剧片头
学习目标　学习"高斯模糊"效果的用法

本案例训练的最终效果如图7-126所示。

图7-126

01 打开Premiere并新建项目，将"素材文件＞CH07＞案例训练：模拟日剧片头"文件夹中的"日剧片头.mp4"文件导入"项目"面板中。双击该素材，在"源"面板中打开此素材，如图7-127所示。

02 将时间线拖曳至00:00:10:00处，单击"标记出点"按钮 设置出点，按住"仅拖动视频"按钮 ，将其拖曳到"时间轴"面板中创建序列，如图7-128所示。

图7-127

图7-128

03 在"效果"面板中找到"视频效果＞模糊与锐化＞高斯模糊"效果，将其应用到"日剧片头.mp4"上。在"效果控件"面板中设置"高斯模糊"效果的"模糊度"为50.0，为了设置片头的模糊效果，需勾选"重复边缘像素"复选框，如图7-129所示。

图7-129

04 将时间线拖曳至00:00:05:00处，将"素材文件＞CH07＞案例训练：模拟日剧片头"文件夹中的"天酱制片.png"文件导入"项目"面板。将其拖曳到"时间轴"面板中的V2轨道上，作为其公司Logo，如图7-130所示。

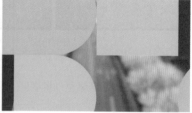
图7-130

05 可以看到图片尺寸过大，调整图片尺寸。单击"天酱制片"，调出"效果控件"面板，设置"缩放"为9.0，如图7-131所示。

图7-131

06 使用"文字工具" 在画面顶部输入文字"提供"，如图7-132所示。在"效果控件"面板中勾选"描边"复选框，设置"描边"颜色为黑色（R:0,G:0,B:0），设置"描边宽度"为5.0，如图7-133所示。

图7-132

图7-133

07 使用"文字工具"**T**在画面底部输入文字"天酱株式会社"。由于在前面已经对文字进行了相关设置，这里默认的文字样式会与之前的保持一致，如图7-134所示。最终效果如图7-135所示。

图7-134　　　　　　　　　　　　　　　　　图7-135

7.2.7 沉浸式视频

"沉浸式视频"效果组包含"VR分形杂色""VR发光""VR平面到球面""VR投影""VR数字故障""VR旋转球面""VR模糊""VR色差""VR锐化""VR降噪""VR颜色渐变"11种效果，如图7-136所示。

图7-136

技巧提示：开启GPU加速

要使用"沉浸式视频"效果组，需要开启GPU加速。在菜单栏中执行"文件>项目设置>常规"命令，如图7-137所示，在弹出的"项目设置"对话框中的"常规>视频渲染和回放>渲染程序"中开启GPU加速，单击"确定"按钮，如图7-138所示。

图7-137　　　　　　　　　　　　　　图7-138

1.VR分形杂色

可以对素材设置"VR分形杂色"效果，如图7-139所示。在"效果控件"面板中可调整参数，如图7-140所示。

图7-139　　　　　　　　　　　　　　图7-140

重要参数详解

◇ **分形类型：** 用于设置分形的类型，可设置"基本""湍流锐化""最大""字符串"4种类型，如图7-141所示。

图7-141

◇ **对比度：** 设置 "VR分形杂色" 效果的对比度，值越大分形杂色效果的对比度越高。

◇ **亮度：** 设置 "VR分形杂色" 效果的亮度，值越大分形杂色效果的亮度越高。

◇ **反转：** 勾选后， "VR分形杂色" 效果即反转。

◇ **复杂度：** 设置 "VR分形杂色" 效果的复杂度，值越大分形杂色效果的复杂度越高。

◇ **演化：** 设置 "VR分形杂色" 效果的变化，通常和关键帧动画一起使用。

◇ **不透明度：** 调整 "VR分形杂色" 效果的不透明度。

◇ **混合模式：** 调整 "VR分形杂色" 效果和原素材的混合模式。

2.VR发光

使用 "VR发光" 效果可以对素材的光效进行设置，如图7-142所示。在 "效果控件" 面板中可调整参数，如图7-143所示。

  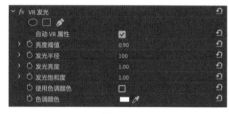

图7-142 图7-143

重要参数详解

◇ **亮度阈值：** 设置素材中光效的亮度阈值，值越大素材中的光效亮度越低。

◇ **发光半径：** 设置素材中发光效果的半径范围，值越大发光范围越大。

◇ **发光亮度：** 设置素材中发光效果的亮度，值越大素材中发光的亮度越高。

◇ **发光饱和度：** 设置素材中发光效果的饱和度，值越大素材中发光效果的饱和度越高。

◇ **使用色调颜色：** 勾选后，可更改 "色调颜色" 选项为发光颜色。

◇ **色调颜色：** 设置发光的颜色。

3.VR平面到球面

使用该效果可更改素材的图像显示效果，使其从平面变成球面，如图7-144所示。在 "效果控件" 面板中可调整参数，如图7-145所示。

图7-144 图7-145

重要参数详解

◇ **缩放（度）：** 设置对素材的缩放程度，值越大素材的缩放程度越高。

◇ **羽化：** 调整素材边框的羽化程度，值越大边框的羽化程度越高。

4.VR投影

使用 "VR投影" 效果可以对素材的VR投影效果进行设置，如图7-146所示。在 "效果控件" 面板中可调整参数，如图7-147所示。

图7-146   图7-147

5.VR数字故障

使用该效果可以为素材添加数字故障效果，产生类似故障、乱码的画面，如图7-148所示。在"效果控件"面板中可调整参数，如图7-149所示。

图7-148   图7-149

重要参数详解

◇ **目标点：**设置"VR数字故障"效果的目标点，通常默认为中心位置。

◇ **POI缩放：**设置"VR数字故障"效果的POI缩放程度。

◇ **POI长宽比：**对"VR数字故障"效果的POI长宽比进行设置。

◇ **主振幅：**对"VR数字故障"效果的主振幅进行设置。

6.VR旋转球面

使用"VR旋转球面"效果可以对素材进行旋转球面的效果设置，如图7-150所示。在"效果控件"面板中可调整参数，如图7-151所示。这些参数主要是对素材的x轴、y轴和z轴进行扭曲设置，值越大，扭曲程度越高。

图7-150   图7-151

7.VR模糊

使用"VR模糊"效果可以对素材进行模糊度设置，如图7-152所示。在"效果控件"面板中可调整参数，如图7-153所示。

图7-152   图7-153

重要参数详解

◇ **模糊度：**调整素材的模糊度，值越大模糊程度越高。

8.VR色差

使用"VR色差"效果可以对素材进行色差设置,如图7-154所示。在"效果控件"面板中可调整参数,如图7-155所示。

图7-154   图7-155

重要参数详解

◇ **目标点:** 设置色差效果的目标点,默认为素材中心位置。

◇ **色差(红色):** 调整素材中红色的色差。

◇ **色差(绿色):** 调整素材中绿色的色差。

◇ **色差(蓝色):** 调整素材中蓝色的色差。

◇ **衰减距离:** 设置色差效果的衰减距离,值越大色差效果的衰减距离越大。

◇ **衰减反转:** 设置是否对素材的色差效果进行衰减反转。

9.VR锐化

使用"VR锐化"效果可以对素材进行锐化调整,如图7-156所示。在"效果控件"面板中可调整参数,如图7-157所示。

图7-156   图7-157

重要参数详解

◇ **锐化量:** 对视频的锐化量进行调整,值越大锐化效果越明显。

10.VR降噪

使用"VR降噪"效果可以对素材进行降噪处理,如图7-158所示。在"效果控件"面板中可调整参数,如图7-159所示。

图7-158   图7-159

重要参数详解

◇ **杂色类型:** 选择杂色的类型,默认选项为"随机赋值"。

◇ **杂色级别:** 设置杂色的级别,值越大杂色级别越高,降噪效果越好。

11.VR颜色渐变

使用"VR颜色渐变"效果可以对素材进行颜色的渐变处理，如图7-160所示。在"效果控件"面板中可调整参数，如图7-161所示。

 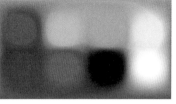 

图7-160　　　　　　　　　　　　　　　　　图7-161

重要参数详解

◇ **点数：** 设置渐变的颜色个数，值越大渐变颜色越多。

◇ **渐变功率：** 设置渐变的功率，值越大，各部分颜色对比越强烈、清晰。

◇ **渐变混合：** 设置渐变颜色之间的混合，值越大，各个颜色之间的混合效果越好。

◇ **不透明度：** 设置"VR颜色渐变"效果的不透明度。

7.2.8 生成

"生成"效果组包含"书写""单元格图案""吸管填充""四色渐变""圆形""棋盘""椭圆""油漆桶""渐变""网格""镜头光晕""闪电"12种效果，如图7-162所示。

图7-162

1.书写

使用"书写"效果可为素材添加画笔的效果，利用该效果可以制作出手写字等效果，如图7-163所示。在"效果控件"面板中可调整参数，如图7-164所示。

图7-163　　　　　　　　　　　　　　　　　图7-164

重要参数详解

◇ **画笔位置：** 设置画笔在素材中的位置。

◇ **颜色：** 设置画笔的颜色。

◇ **画笔大小：** 设置画笔的大小，值越大画笔越大。

◇ **画笔硬度：** 设置画笔硬度，值越大画笔硬度越高。

◇ **画笔不透明度：** 设置画笔的不透明度。

◇ **描边长度（秒）：** 设置画笔的描边长度。

◇ **画笔间隔（秒）：** 主要设置单个画笔与画笔之间的间隔数量，值越大，画笔之间的间隔距离也越大，画笔的连贯性就会变差。

2.单元格图案

使用"单元格图案"效果可为素材添加纹理效果，如图7-165所示。在"效果控件"面板中可调整参数，如图7-166所示。

图7-165　　　　　　　　　　　　　　　　　　　　　　图7-166

重要参数详解

◇ **单元格图案：** 切换单元格的图案样式。

◇ **对比度：** 设置单元格图案效果的对比度，值越大，单元格图案效果的对比度越高。

◇ **分散：** 设置单元格图案与图案之间的分散间隔，值越大，图案与图案之间的分散间隔越大。

◇ **大小：** 设置单元格图案的大小，值越大，单元格图案越大。

◇ **偏移：** 可以对整体单元格图案的位置进行更改。

◇ **演化：** 可以对单元格图案进行演化设置，通常在设置关键帧动画时使用。

3.吸管填充

使用"吸管填充"效果可以对素材进行填充颜色的修改，如图7-167所示。在"效果控件"面板中可调整参数，如图7-168所示。

图7-167　　　　　　　　　　　　　　　　　　　　图7-168

重要参数详解

◇ **采样点：** 设置吸取颜色的位置，默认为素材中心位置，选择后填充颜色即为该位置颜色。

◇ **采样半径：** 设置采样颜色的半径，值越大采样半径越大。

◇ **与原始图像混合：** 设置吸取的颜色与原始图像的混合程度，该参数即对颜色不透明度的更改程度，值越大不透明度程度越高。

4.四色渐变

使用"四色渐变"效果可以对素材设置4种颜色的渐变效果，通常用来制作动态背景，如图7-169所示。在"效果控件"面板中可调整参数，如图7-170所示。

图7-169　　　　　　　　　　　　　　　　　　图7-170

重要参数详解

◇ **位置与颜色：** 可以对4个颜色及其位置进行设置，可分别更改从"点1"到"点4"的坐标，以及从"颜色1"到"颜色4"的颜色。

◇ **混合：** 设置4种颜色的混合程度，值越大，4种颜色之间的混合程度越高。

◇ **不透明度：** 更改"四色渐变"效果与原素材之间的不透明度。

◇ **混合模式：** 设置"四色渐变"效果与原素材之间的混合模式。

5.圆形

使用该效果可在素材上绘制圆形图案，如图7-171所示。在"效果控件"面板中可调整参数，如图7-172所示。

图7-171　　　　　　　　　　　　　　　　　　　　　　　图7-172

重要参数详解

◇ **中心：** 设置圆形图案的中心点，默认为视频中心位置。

◇ **半径：** 设置圆形图案的半径，值越大圆形图案的半径越大。

◇ **边缘：** 设置圆形图案的边缘，只有选择边缘后才可以对其进行羽化等选项的设置。

◇ **颜色：** 设置圆形图案的颜色。

◇ **不透明度：** 设置圆形图案的不透明度。

◇ **混合模式：** 设置圆形图案和原素材之间的混合模式。

6.棋盘

使用"棋盘"效果可以对素材生成棋盘格的效果，如图7-173所示。在"效果控件"面板中可调整参数，如图7-174所示。

图7-173　　　　　　　　　　　　　　　　　　　　　　　图7-174

重要参数详解

◇ **锚点：** 设置"棋盘"效果的锚点位置，默认为素材中心位置。

◇ **大小依据：** 为"棋盘"效果设置大小依据。

◇ **宽度：** 设置棋盘的宽度，值越大棋盘宽度越宽。

◇ **高度：** 设置棋盘的高度，值越大棋盘高度越高。

◇ **颜色：** 设置棋盘的颜色。

◇ **不透明度：** 设置"棋盘"效果的不透明度。

◇ **混合模式：** 设置"棋盘"效果和原素材之间的混合模式。

7.椭圆

使用该效果可为素材绘制一个椭圆形，如图7-175所示。在"效果控件"面板中可调整参数，如图7-176所示。

图7-175   图7-176

重要参数详解

◇ **中心：** 设置椭圆形的中心位置。

◇ **宽度：** 设置椭圆形的宽度，值越大椭圆宽度越大。

◇ **高度：** 设置椭圆形的高度，值越大椭圆高度越大。

◇ **厚度：** 设置椭圆形的厚度，值越大椭圆厚度越大。

◇ **柔和度：** 设置椭圆形的柔和度，值越大椭圆柔和度越高。

◇ **内部颜色：** 设置椭圆形的内部颜色。

◇ **外部颜色：** 设置椭圆形的外部颜色。

◇ **在原始图像上合成：** 勾选后，"椭圆"效果将与原素材结合。

8.油漆桶

使用"油漆桶"效果可为素材指定区域填充颜色，如图7-177所示。在"效果控件"面板中可调整参数，如图7-178所示。

图7-177   图7-178

重要参数详解

◇ **填充点：** 设置填充颜色的位置。

◇ **填充选择器：** 设置填充颜色的方式。

◇ **容差：** 填充颜色的范围，值越大，油漆桶效果的填充范围越大。

◇ **描边：** 设置描边的类型。

◇ **颜色：** 设置填充的颜色。

◇ **不透明度：** 设置"油漆桶"效果的不透明度。

◇ **混合模式：** 设置"油漆桶"效果与原素材的混合模式。

9.渐变

使用该效果可为素材添加颜色的径向渐变，常用来制作背景，如图7-179所示。在"效果控件"面板中可调整参数，如图7-180所示。

图7-179 图7-180

重要参数详解

◇ **渐变起点**：设置"渐变"效果的起点位置。

◇ **起始颜色**：设置"渐变"效果的起始颜色。

◇ **渐变终点**：设置"渐变"效果的终点位置。

◇ **结束颜色**：设置"渐变"效果的结束颜色。

◇ **渐变形状**：设"渐变"变效果的形状，即渐变效果的呈现方式。

◇ **渐变扩散**：设置"渐变"效果的扩散程度，值越大，渐变效果的扩散程度越高。

◇ **与原始图像混合**：设置"渐变"效果与原始图像的混合程度。

10.网格

使用"网格"效果可以为素材制作网格的效果，如图7-181所示。在"效果控件"面板中可调整参数，如图7-182所示。

图7-181 图7-182

重要参数详解

◇ **锚点**：设置"网格"效果的锚点位置。

◇ **大小依据**：设置"网格"效果的大小依据。

◇ **边角**：设置"网格"效果的边角位置。

◇ **宽度/高度**：设置"网格"效果的宽度和高度，只有当大小依据为非边角点时可设置。

◇ **边框**：设置"网格"效果的边框宽度，值越大网格的宽度越大。

◇ **颜色**：设置"网格"效果边框的颜色。

◇ **不透明度**：设置"网格"效果的不透明度。

◇ **混合模式**：设置"网格"效果与原素材的混合模式。

11.镜头光晕

使用该效果可以对素材进行模拟光晕效果的设置，如图7-183所示。在"效果控件"面板中可调整参数，如图7-184所示。

图7-183 图7-184

重要参数详解

◇ **光晕中心：** 设置光晕的中心位置，可调整光晕的位置。

◇ **光晕亮度：** 设置光晕的亮度，值越大光晕亮度越强。

◇ **镜头类型：** 设置光晕模拟效果的镜头类型，不同的镜头类型对应不同的光晕效果。

◇ **与原始图像混合：** 设置与原始图像的混合程度，值越大，光晕效果与原始图像的混合程度越高。

12.闪电

使用"闪电"效果可以为素材添加模拟闪电效果，如图7-185所示。在"效果控件"面板中可调整参数，如图7-186所示。

图7-185

图7-186

重要参数详解

◇ **分段：** 设置"闪电"效果的分段数量。

◇ **振幅：** 振幅即闪电的活动范围，值越大，"闪电"效果的振幅越大。

◇ **细节级别：** 设置"闪电"效果的粗细和曝光度。

◇ **细节振幅：** 设置"闪电"效果分段的振幅。

◇ **分支：** 设置"闪电"效果的分支数量。

◇ **再分支：** 设置"闪电"效果分支上的分支数量。

◇ **分支角度：** 设置"闪电"效果分支的倾斜角度。

◇ **分支段：** 设置"闪电"效果的分支的线段数量，值越大分支的线段数量越多。

◇ **分支宽度：** 设置"闪电"效果分支的宽度，值越大闪电分支宽度越宽。

◇ **速度：** 设置"闪电"效果出现和变换的速度。

◇ **固定端点：** 勾选此选项后，可让"闪电"效果的初始状态与结束状态在同一位置。

◇ **宽度变化：** 设置"闪电"效果的宽度变化。

◇ **核心宽度：** 设置"闪电"效果中心的宽度。

◇ **拉力：** 设置闪电分支的伸展程度。

◇ **拖拉方向：** 设置闪电的拉伸方向。

◇ **随机植入：** 设置"闪电"效果的随机变化形状。

◇ **混合模式：** 设置"闪电"效果和原素材的混合方式。

◇ **模拟：** 勾选此选项后，可改变闪电的变化形态。

案例训练：制作真实的闪电效果

素材位置 素材文件＞CH07＞案例训练：制作真实的闪电效果
实例位置 实例文件＞CH07＞案例训练：制作真实的闪电效果
学习目标 学习"闪电"效果的用法

"闪电"效果用于模拟大自然中发生的闪电效果，在不同素材中有不同的应用。例如，可以将"闪电"效果放置于天空中模拟真实闪电，也可以将其放置在高压电线旁模拟电流效果。

本案例训练的最终效果如图7-187所示。

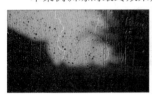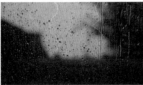

图7-187

01 打开Premiere并新建项目，将"素材文件＞CH07＞案例训练：制作真实的闪电效果"文件夹中的"玻璃雨滴.mp4"文件导入"项目"面板中。将其拖曳到"时间轴"面板中创建序列，如图7-188所示。

02 在"效果"面板中找到"视频效果＞生成＞闪电"效果，将其应用到"时间轴"面板中的"玻璃雨滴.mp4"上，如图7-189所示。

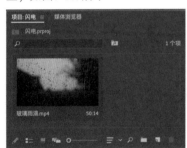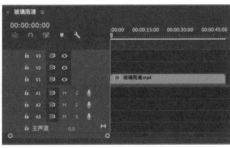

图7-188 图7-189

03 单击"时间轴"面板上的"玻璃雨滴.mp4"，调出"效果控件"面板。设置"起始点"为（692.0，-20.0），"结束点"为（730.0,650.0），"细节级别"为5，如图7-190所示。

04 再次添加"闪电"效果，在"效果控件"面板中修改"起始点"为（1290.0，-20.0），"结束点"为（1300.0,660.0），"细节级别"为2，如图7-191所示，最终效果如图7-192所示。

图7-190 图7-191 图7-192

7.2.9 视频

"视频"效果组包含"SDR遵从情况""剪辑名称""时间码""简单文本"4种效果，如图7-193所示。下面介绍几种主要的效果。

图7-193

1.剪辑名称

使用"剪辑名称"效果可在素材中显示素材名称，该效果可以自动识别名称并进行添加，无须手动输入。在同时剪辑多个视频文件时可以节省时间、提升效率，如图7-194所示。在"效果控件"面板中可调整参数，如图7-195所示。

图7-194   图7-195

重要参数详解

◇ **位置：** 调整素材中剪辑名称的显示位置。

◇ **对齐方式：** 设置剪辑名称在素材中的对齐方式。

◇ **大小：** 设置显示的剪辑名称的大小。

◇ **不透明度：** 设置显示的剪辑名称的不透明度。

◇ **显示：** 设置剪辑名称的显示内容。

◇ **源轨道：** 设置剪辑名称的源头轨道。

2.时间码

使用"时间码"效果可在素材中模拟摄像机拍摄时的数字编码，如图7-196所示。在"效果控件"面板中可调整参数，如图7-197所示。

图7-196   图7-197

重要参数详解

◇ **位置：** 调整时间码在素材中的显示位置。

◇ **大小：** 调整时间码在素材中显示的大小。

◇ **不透明度：** 调整时间码在素材中的不透明度。

◇ **场符号：** 勾选后可以在时间码中显示场符号。

◇ **格式：** 调整显示时间码的格式。

◇ **时间码源：** 包含3种方式，"媒体"即轨道视频开始到结束，"剪辑"即一个剪辑的长度，"生成"可自定义从第几秒开始。

◇ **时间显示：** 时间码显示的帧率。

◇ **位移：** 对时间码中的时间进行调整。

3.简单文本

使用"简单文本"效果可在素材中显示文本信息，该效果只提供简单的文本显示，其功能与"文字工具" 和旧版标题工具有较大差距，如图7-198所示。在"效果控件"面板中可调整参数，如图7-199所示。

图7-198　　　　　　　　　　　　　　　　　图7-199

重要参数详解

◇ **编辑文本：** 单击此按钮可以对文本内容进行编辑。

◇ **位置：** 调整显示文本内容的位置。

◇ **对齐方式：** 设置文本内容在素材中的对齐方式。

◇ **大小：** 设置文本内容的显示大小。

◇ **不透明度：** 设置文本的不透明度。

7.2.10 调整

"调整"效果组包含"ProcAmp""光照效果""卷积内核""提取""色阶"5种效果，如图7-200所示。下面介绍几种主要的效果。

图7-200

1.光照效果

使用"光照效果"可在素材中模拟光照效果，如图7-201所示。在"效果控件"面板中可调整参数，如图7-202所示。

图7-201　　　　　　　　　　　　　　　　　图7-202

重要参数详解

◇ **环境光照颜色：** 设置模拟光照的环境光照颜色。

◇ **环境光照强度：** 设置环境光照强度，值越大环境光照强度越强。

◇ **表面光泽：** 设置表面光泽的强度。

◇ **表面材质：** 设置表面材质的光照强度。

◇ **曝光：** 设置曝光量。

2.提取

使用"提取"效果可让素材只保留黑白色调，如图7-203所示。在"效果控件"面板中可调整参数，如图7-204所示。

图7-203　　　　　　　　　　　　　　　　　　图7-204

重要参数详解

◇ **输入黑色阶：** 值越大素材中的黑色部分越多。

◇ **输入白色阶：** 值越大素材中的白色部分越多。

◇ **柔和度：** 更改素材的整体柔和度。

3.色阶

使用"色阶"效果可以对素材中RGB通道上的色阶进行更改，如图7-205所示。

图7-205

7.2.11 过渡

"过渡"效果组包含"块溶解""径向擦除""渐变擦除""百叶窗""线性擦除"5种效果，如图7-206所示。

图7-206

1.块溶解

使用"块溶解"效果可制作逐渐显示或者逐渐隐去的效果，如图7-207所示。在"效果控件"面板中可调整参数，如图7-208所示。

图7-207　　　　　　　　　　　　　　　　　　图7-208

重要参数详解

◇ **过渡完成：** 设置"块溶解"效果过渡完成的效果。

◇ **块宽度：** 设置溶解块的宽度，值越大溶解块越宽。

◇ **块高度：** 设置溶解块的高度，值越大溶解块越高。

◇ **羽化：** 对溶解块进行羽化效果设置，值越大羽化程度越高。

2.径向擦除

使用该效果可以对素材添加类似旋转擦除的效果，如图7-209所示。在"效果控件"面板中可调整参数，如图7-210所示。

图7-209 图7-210

重要参数详解

◇ **过渡完成：** 设置过渡完成时素材被擦除部分的占比。

◇ **起始角度：** 设置擦除效果的起始角度。

◇ **擦除中心：** 设置擦除效果旋转的中心，默认为素材中心位置。

◇ **擦除：** 设置擦除的方式。

◇ **羽化：** 对擦除边缘进行羽化处理，值越大羽化效果越强。

3.渐变擦除

使用"渐变擦除"效果可以对素材进行渐变擦除的设置，如图7-211所示。在"效果控件"面板中可调整参数，如图7-212所示。

图7-211

图7-212

重要参数详解

◇ **过渡完成：** 设置过渡完成时的效果。

◇ **过渡柔和度：** 对素材的过渡擦除效果的柔和度进行设置。

◇ **渐变图层：** 选择素材的渐变图层。

4.百叶窗

使用"百叶窗"效果可以为素材添加类似百叶窗的折叠效果，如图7-213所示。在"效果控件"面板中可调整参数，如图7-214所示。

图7-213 图7-214

重要参数详解

◇ **过渡完成：** 设置素材过渡完成时的效果。

◇ **方向：** 对"百叶窗"效果的变化方向进行设置。

◇ **宽度：** 设置"百叶窗"效果的宽度，值越大百叶窗宽度越大。

◇ **羽化：** 对"百叶窗"效果进行羽化设置，值越大，百叶窗效果的羽化值越大。

5.线性擦除

使用该效果可以让素材以类似平推的擦除方式进行擦除，如图7-215所示。在"效果控件"面板中可调整参数，如图7-216所示。

图7-215

图7-216

重要参数详解

◇ **过渡完成：** 设置过渡完成时的效果。

◇ **擦除角度：** 对擦除效果的角度进行设置。

◇ **羽化：** 设置擦除边缘的羽化效果。

7.2.12 透视

"透视"效果组包含"基本3D""径向投影""投影""斜面Alpha""边缘斜面"5种效果，如图7-217所示。

图7-217

1.基本3D

使用"基本3D"效果可让素材产生具有透视的3D效果，可以为一些素材制作出类似3D空间的效果，用来制作3D文字动画非常方便，如图7-218所示。在"效果控件"面板中可调整参数，如图7-219所示。

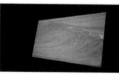

图7-218

图7-219

重要参数详解

◇ **旋转：** 设置素材的旋转角度。

◇ **倾斜：** 设置素材的倾斜角度。

◇ **与图像的距离：** 设置素材在画面中的远近距离。

◇ **镜面高光：** 勾选后，素材中将会出现光照效果，以此来加强空间感。

2.径向阴影

使用"径向阴影"效果可以对素材设置径向的阴影效果，如图7-220所示。在"效果控件"面板中可调整参数，如图7-221所示。

图7-220 图7-221

重要参数详解

◇ **阴影颜色：** 设置素材的阴影颜色。

◇ **不透明度：** 设置阴影效果的不透明度。

◇ **光源：** 设置照射的光源，通过调整光源来调整阴影的位置。

◇ **投影距离：** 设置光源和素材的距离，值越大阴影越大。

◇ **柔和度：** 设置阴影的柔和度，值越大阴影的柔和度越高。

◇ **渲染：** 设置阴影的渲染方式。

技术专题：为什么看不到设置的阴影效果

有两种可能：第1种是素材大小超出了画面范围，导致阴影被遮挡；第2种是所设置的阴影效果较小，较难看出，可以勾选"调整图层大小"复选框来显示阴影。

3.投影

使用"投影"效果可让素材边缘产生阴影效果，同时产生立体感，如图7-222所示。在"效果控件"面板中可调整参数，如图7-223所示。

图7-222 图7-223

重要参数详解

◇ **阴影颜色：** 可以对阴影的颜色进行设置和更改。

◇ **不透明度：** 设置阴影的不透明度。

◇ **方向：** 设置阴影的方向。

◇ **距离：** 设置投影点与素材的距离，距离越大阴影越大。

◇ **柔和度：** 设置阴影的柔和度。

4.斜面Alpha

使用该效果可让素材产生斜面三维效果，如图7-224所示。在"效果控件"面板中可调整参数，如图7-225所示。

图7-224 图7-225

重要参数详解

◇ **边缘厚度：** 设置斜面边缘的厚度，值越大斜面边缘厚度越高。

◇ **光照角度：** 设置光照角度，该参数会影响斜面的效果。

◇ **光照颜色：** 设置光照的颜色。

◇ **光照强度：** 设置光照的强度，光照强度越大，斜面效果越强。

案例训练：制作3D浮雕文字效果

素材位置	素材文件＞CH07＞案例训练：制作3D浮雕文字效果
实例位置	实例文件＞CH07＞案例训练：制作3D浮雕文字效果
学习目标	学习"斜面Alpha"效果的用法和关键帧动画的设置方法

使用"斜面Alpha"效果可以为素材添加3D的斜面立体效果，如果素材带有Alpha通道，就可以直接在Alpha通道边缘进行3D效果模拟，为其添加该效果后，就能得到立体文字的效果，如图7-226所示。由于在"斜面Alpha"效果中可以对光照等进行设置，因此可以通过设置关键帧来制作立体Logo。

图7-226

本案例训练的最终效果如图7-227所示。

图7-227

01 打开Premiere并新建项目，在"项目"面板中新建一个"颜色遮罩"作为新效果的背景，在"拾色器"对话框中设置其颜色为暗白色（R:210,G:210,B:210），单击"确定"按钮 确定 ，如图7-228所示。

02 将新建的"颜色遮罩"文件拖曳到"时间轴"面板中的V1轨道上创建序列，如图7-229所示。在菜单栏中执行"文件＞新建＞旧版标题"命令，如图7-230所示。在弹出的"字幕"窗口中输入需要应用效果的文字，调整文字的位置和大小，如图7-231所示。

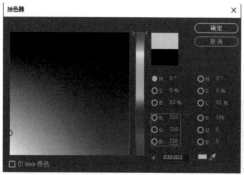

图7-228

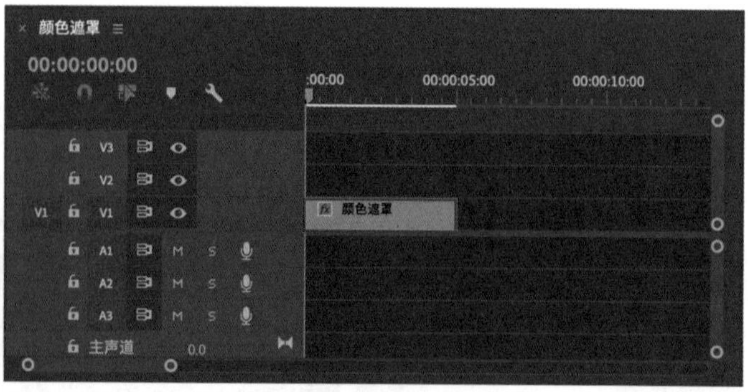

图7-229

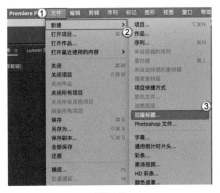

图7-230 图7-231

03 将文字颜色更改为与背景颜色相同，关闭此窗口。在"项目"面板中找到刚刚设置的字幕素材，将其拖曳到"时间轴"面板中的V2轨道上，如图7-232所示。

04 在"效果"面板中找到"视频效果＞透视＞斜面Alpha"效果，将其应用到"时间轴"面板中V2轨道的文字素材上，如图7-233所示。

图7-232 图7-233

05 单击V2轨道上的文字素材，调出"效果控件"面板，找到"斜面Alpha"选项，设置"边缘厚度"为10，"光照强度"为0.30，如图7-234所示。

06 对文字进行关键帧动画设置。将时间线拖曳到00:00:00:00处，单击"光照角度"前面的"切换动画"按钮为其添加关键帧。将时间线拖曳到00:00:03:00处，设置"光照角度"为159.0°，如图7-235所示。最终效果如图7-236所示。

图7-234 图7-235 图7-236

5.边缘斜面

使用"边缘斜面"效果可让素材产生立体效果，如图7-237所示。在"效果控件"面板中可调整参数，如图7-238所示。

图7-237 图7-238

◇ **边缘厚度：** 设置"边缘斜面"效果的厚度，值越大边缘厚度越厚。

◇ **光照角度：** 设置光照的角度，会影响效果的变化。

◇ **光照颜色：** 设置光照的颜色。

◇ **光照强度：** 设置光照强度，值越大光照强度越强。

7.2.13 通道

"通道"效果组包含"反转""复合运算""混合""算术""纯色合成""计算""设置遮罩"7种效果，如图7-239所示。下面介绍几种主要的效果。

图7-239

1.反转

使用"反转"效果可以对素材进行通道反转，如图7-240所示。在"效果控件"面板中可调整参数，如图7-241所示。

图7-240

图7-241

重要参数详解

◇ **声道：** 选择反转颜色的通道。

◇ **与原始图像混合：** 设置该效果与原始图像的混合程度。

2.复合运算

使用"复合运算"效果可让素材与视频轨道的通道进行混合设置，如图7-242所示。在"效果控件"面板中可调整参数，如图7-243所示。

图7-242

图7-243

重要参数详解

◇ **第二个源图层：** 选择第2个源图层的位置。

◇ **运算符：** 设置复合运算的运算方式。

◇ **在通道上运算：** 选择进行复合运算的通道。

◇ **溢出特性：** 设置溢出特性的方式。

◇ **与原始图像混合：** 设置该效果与原始图像的混合程度。

3.混合

使用"混合"效果可以为两个素材设置叠加效果，将两个画面进行重叠，然后设置不透明度的混合效果，如图7-244所示。在"效果控件"面板中可调整参数，如图7-245所示。

图7-244　　　　　　　　　　　　图7-245

重要参数详解

◇ **与图层混合：** 选择与图层混合的轨道。

◇ **模式：** 选择两段素材的混合模式。

◇ **与原始图像混合：** 设置该效果与原始图像的混合程度。

4.纯色合成

使用"纯色合成"效果对素材进行颜色的合成，如图7-246所示。在"效果控件"面板中可调整参数，如图7-247所示。

图7-246　　　　　　　　　　　　图7-247

重要参数详解

◇ **源不透明度：** 设置源素材的不透明度。

◇ **颜色：** 设置和改变合成的颜色。

◇ **不透明度：** 设置"纯色合成"效果的不透明度。

◇ **混合模式：** 设置"纯色合成"效果与原素材之间的混合模式。

5.计算

使用"计算"效果可让素材之间进行通道混合，如图7-248所示。

6.设置遮罩

使用"设置遮罩"效果可以设置通道作为遮罩与素材进行混合，如图7-249所示。

图7-248　　　　　　　　　　　　图7-249

7.2.14 键控

"键控"效果组中包括在Premiere中进行抠图的重要效果，Premiere提供了多个键控效果，用户可以在不同情况下进行方便的抠像操作。该效果组包含"Alpha调整""亮度键""图像遮罩键""差值遮罩""移除遮罩""超级键""轨道遮罩键""非红色键""颜色键"9种效果，如图7-250所示。

图7-250

1.Alpha调整

使用该效果可以对带有Alpha通道的素材进行不透明度设置，如图7-251所示。在"效果控件"面板中可调整参数，如图7-252所示。

图7-251　　　　　　　　　　　　　　　　　　图7-252

2.亮度键

使用"亮度键"效果可以素材亮度为基础，对素材进行抠像处理。例如，一张带有高亮度光照光线的画面，可以使用"亮度键"将其高光部分抠除，然后将光线替换为其他颜色，如图7-253所示。在"效果控件"面板中可调整参数，如图7-254所示。

图7-253　　　　　　　　　　　　　　　　　　图7-254

重要参数详解

◇ **阈值：** 调整素材中的亮度抠像程度，值越大，素材中的暗部被抠除得越多。

◇ **屏蔽度：** 设置素材中亮度值高的部分抠像程度，值越大，素材中的亮部被抠除得越多。

3.图像遮罩键

使用"图像遮罩键"效果可让素材以置顶的图像作为蒙版，要使用该效果需要一张带有Alpha通道的图像，单击"设置" 按钮即可选取图像，如图7-255所示。在"效果控件"面板中可调整参数，如图7-256所示。

图7-255　　　　　　　　　　　　　　　　　　图7-256

重要参数详解

◇ **合成使用：** 选择合成使用的遮罩方式。

◇ **反向：** 是否使用反向效果。

4.差值遮罩

使用"差值遮罩"效果可以对两段有相同背景或相同颜色的素材进行替换操作，如图7-257所示。以图7-258所示两张图为例，第1张图中的手机屏幕为白色，第2张图为一张纯白色的背景，这两张图都有白色，就可以为其添加"差值遮罩"效果将相同的部分抠除，然后替换为其他图像。在"效果控件"面板中可调整参数，如图7-259所示。

图7-257

图7-258

图7-259

重要参数详解

◇ **视图：** 选择显示的视图类型。

◇ **差值图层：** 选择计算差值遮罩的图层。

◇ **匹配容差：** 设置遮罩覆盖范围，值越大遮罩所覆盖的范围越大。

◇ **匹配柔和度：** 设置遮罩边缘的柔和度，值越大遮罩柔和度越大。

◇ **差值前模糊：** 设置差值遮罩模糊程度，值越大，差值遮罩模糊程度越高。

5.移除遮罩

使用"移除遮罩"效果可调整遮罩边缘的颜色，如图7-260所示。

6.超级键

使用该效果可以对有单一背景颜色的素材进行抠像操作，如图7-261所示。"超级键"效果是常用的抠图工具，便于操作且不限制背景颜色，抠图效果好，剪辑使用绿幕背景的素材时就会用到"超级键"效果。例如，在下雪的绿幕素材中使用"超级键"效果可以简单地抠除绿色背景，然后将下雪的效果添加到环境场景中以营造冬日的感觉，如图7-262所示。在"效果控件"面板中可调整参数，如图7-263所示。

图7-260

图7-261

图7-262

图7-263

重要参数详解

◇ **主要颜色：** 选择需抠除的主要颜色，单击颜色块后的"吸管工具" 可以直接从监视器中吸取颜色。

◇ **遮罩生成/遮罩清除/溢出抑制/颜色校正：** 对抠像效果进行更多的调整，一般来说只要背景颜色安排得合理，抠像效果就会足够好。

案例训练：制作人物出场灯光秀

素材位置　素材文件＞CH07＞案例训练：制作人物出场灯光秀
实例位置　实例文件＞CH07＞案例训练：制作人物出场灯光秀
学习目标　学习"光照效果"的用法

使用"光照效果"可以模拟光在平面上的照射效果，通常可以用"光照效果"来突出主体。例如，在有人物的画面中，利用光照效果将光聚焦到人物身上，或是改变光的颜色制作出"夜视仪"的效果，也可以单纯使用光照来制作简单的Logo演绎效果。

本案例训练的最终效果如图7-264所示。

图7-264

01 打开Premiere并新建项目，将"素材文件＞CH07＞案例训练：制作人物出场灯光秀"文件夹中的"人物.mp4""底部灯光.mov""顶部灯光.mov"文件导入"项目"面板中。将"人物.mp4"拖曳到"时间轴"面板中创建序列，然后将其拖曳到V3轨道上，如图7-265所示。

02 对人物进行关键帧动画调整。打开"效果控件"面板，将时间线拖曳到00:00:00:00处并单击"位置"前面的"切换动画"按钮◙，设置"位置"为（960.0，-150.0），添加关键帧，将时间线拖曳到00:00:07:00处，设置"位置"为（960.0，1040.0），如图7-266所示。

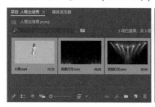

图7-265　　　　　　　　　　　　　　　　　　　　　　图7-266

03 将时间线拖曳回00:00:00:00处，单击"缩放"前面的"切换动画"按钮◙，添加关键帧，然后在00:00:07:00处设置"缩放"为220.0，如图7-267所示。接下来进行灯光的设置，将时间线拖曳到00:00:00:00处，在"效果"面板中找到"视频效果＞调整＞光照效果"，将其应用到"人物.mp4"上，如图7-268所示。

04 打开"人物.mp4"的"效果控件"面板，找到"光照效果"，展开"光照1"属性，分别单击"中央""主要半径""次要半径"前面的"切换动画"按钮◙，添加关键帧，然后设置"主要半径"为15.0，"次要半径"为15.0。将时间线拖曳至00:00:07:00处，设置"主要半径"为20.0，"次要半径"为20.0，如图7-269所示。

图7-267　　　　　　　　　　　图7-268　　　　　　　　　　　图7-269

05 设置"环境光照强度"为10.0，"表面光泽"为0.0，"表面材质"为50.0，"曝光"为20.0，模拟灯光照射效果，如图7-270所示。在"效果"面板中找到"视频效果＞键控＞超级键"效果，将其应用到"人物.mp4"上，如图7-271所示。

06 在"效果控件"面板中单击"光照效果"前面的"切换效果开关"按钮 fx，暂时关闭效果。使用"超级键"效果中的"吸管工具" 吸取"节目"面板中的绿幕颜色，再次单击"光照效果"前面的"切换效果开关"按钮 fx 打开效果，如图7-272所示。

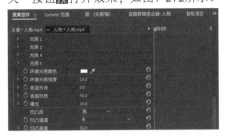

图7-270

图7-271

图7-272

07 将时间线拖曳到00:00:07:00处，添加灯光素材。将"项目"面板中的"顶部灯光.mov"和"底部灯光.mov"素材分别拖曳到V1、V2轨道上，调整其末尾长度，使其与V3轨道上素材的末尾长度一致，如图7-273所示。最终效果如图7-274所示。

图7-273

图7-274

7.轨道遮罩键

使用该效果可让一段素材以某一带有Alpha通道的素材为基础形成遮罩，如图7-275所示。"轨道遮罩键"效果也是在Premiere中常用到的效果，由于它可以使某一轨道作为遮罩的基础，常将其与创建的文字图形结合来制作出多种炫酷的效果。例如，可以在某个轨道上新建各种类型的图形作为遮罩替换天空，如图7-276所示。在"效果控件"面板中的可调整参数，如图7-277所示。

图7-275

图7-276

图7-277

重要参数详解

◇ **遮罩：** 选择需要作为遮罩的轨道素材。

◇ **合成方式：** 选择遮罩效果的合成方式，可选择"Alpha遮罩"或"亮度遮罩"。

◇ **反向：** 是否需要反向遮罩。

8.非红色键

使用"非红色键"效果可以为蓝绿背景实现遮罩效果，如图7-278所示。在"效果控件"面板中可调整参数，如图7-279所示。

图7-278

图7-279

重要参数详解

◇ **阈值：** 设置素材的透明范围，值越大素材透明部分越多。

◇ **屏蔽度：** 用于设置除红绿蓝3色以外的颜色的不透明度。

◇ **去边：** 可以将绿色或红色的边缘除去。

◇ **平滑：** 设置交界处的平滑程度。

9.颜色键

使用"颜色键"效果可以对素材中的某一相同颜色的区域进行抠像操作，如图7-280所示。在"效果控件"面板中可调整参数，如图7-281所示。

图7-280

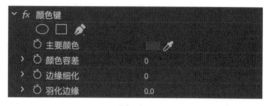

图7-281

重要参数详解

◇ **主要颜色：** 选择需要抠除对象的主要颜色。

◇ **颜色容差：** 设置被抠除的相关颜色，值越大，相关颜色被抠除得越多。

◇ **边缘细化：** 设置遮罩边缘的细化程度，值越大，遮罩边缘的细化程度越高。

◇ **羽化边缘：** 设置遮罩边缘的羽化程度，值越大，边缘羽化的程度越高。

技术专题： 为什么不选用"颜色键"效果抠绿幕

"颜色键"效果也可以对绿幕素材进行抠像操作，不过设置的参数比起"超级键"效果的少。若想要获得更好的效果，推荐使用"超级键"效果，如果只需简单操作，可以选择"颜色键"效果。

7.2.15 风格化

"风格化"效果组包括"Alpha发光""复制""彩色浮雕""曝光过度""查找边缘""浮雕""画笔描边""粗糙边缘""纹理""色调分离""闪光灯""阈值""马赛克"13种效果，如图7-282所示。

图7-282

1.Alpha发光

使用"Alpha发光"效果可以为带有Alpha通道的素材边缘设置发光效果，如图7-283所示。在"效果控件"面板中可调整参数，如图7-284所示。

图7-283

图7-284

重要参数详解

◇ **发光**：设置发光效果的强度，值越大，发光强度越强。

◇ **亮度**：设置发光效果的亮度，值越大，发光亮度越强。

2.复制

使用"复制"效果可以对多份素材进行复制，如图7-285所示。在"效果控件"面板中可调整参数，如图7-286所示。

图7-285　　　　　　　　　　　　　　　　　　　　　　图7-286

重要参数详解

◇ **计数**：修改复制素材的数量的行列数，默认值为2，即2×2个。

案例训练：使屏幕充满相同画面

素材位置	素材文件＞CH07＞案例训练：使屏幕充满相同画面
实例位置	实例文件＞CH07＞案例训练：使屏幕充满相同画面
学习目标	学习"复制"效果的用法

想要在Premiere中对同一素材进行复制，可以通过修改其缩放程度和位置关系来实现，但这种方式在遇到需要复制多份素材时就会非常麻烦。使用"复制"效果可以便捷地进行设置，不需要使用缩放来更改画面设置，省下许多时间，还可以通过关键帧的调节来实现画面的变换。

本案例训练的最终效果如图7-287所示。

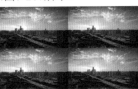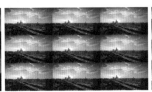

图7-287

01 打开Premiere并新建项目，将"素材文件＞CH07＞案例训练：使屏幕充满相同画面"文件夹中的"城市车流.mp4"文件导入"项目"面板中。将"城市车流.mp4"拖曳到"时间轴"面板中创建序列。将时间线拖曳到00:00:01:00处，使用"剃刀工具" 进行剪辑操作，如图7-288所示。

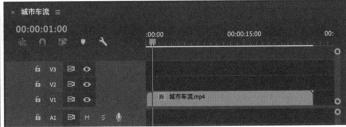

图7-288

231

02 在"效果"面板中找到"视频效果 > 风格化 > 复制"效果，将"复制"效果应用到第2段素材上。将时间线拖曳到00:00:01:00处，单击"计数"前面的"切换动画"按钮■，创建关键帧，如图7-289所示。

03 将时间线拖曳到00:00:02:00处，设置"计数"为3。将时间线拖曳到00:00:03:00处，设置"计数"为4，如图7-290所示。

图7-289　　　　　　　　　　　　　　　　　图7-290

04 在菜单栏中执行"文件 > 新建 > 旧版标题"命令，为其添加标题，如图7-291所示。在"字幕"窗口中输入"CITY"，调整文字大小和位置信息，如图7-292所示。设置完成后关闭"字幕"窗口。

05 在"项目"面板中找到刚刚设置的字幕素材，将其拖曳到"时间轴"面板中的V2轨道上，设置其起始位置与时间线00:00:03:00处对齐，如图7-293所示。

图7-291　　　　　　　　　　图7-292　　　　　　　　　　图7-293

06 将时间线移动到00:00:08:00处，使用"剃刀工具"■进行剪辑。剪辑后选择最后一段素材，调出"效果控件"面板，删除"复制"效果，如图7-294所示。最终效果如图7-295所示。

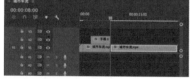

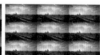

图7-294　　　　　　　　　　　　　　图7-295

3.彩色浮雕

使用"彩色浮雕"效果可以对素材模拟彩色浮雕的效果，如图7-296所示。在"效果控件"面板中可调整参数，如图7-297所示。

图7-296　　　　　　　　　　　　　　　　　图7-297

重要参数详解

◇ **起伏：** 设置浮雕效果的起伏程度，值越大，浮雕效果越明显。

◇ **对比度：** 设置浮雕效果的对比度，值越大，浮雕效果对比度越强。

◇ **与原始图像混合：** 设置该效果与原始图像混合程度。

4.曝光过度

使用"曝光过度"效果可以对素材的曝光强度进行调整，如图7-298所示。

5.查找边缘

使用"查找边缘"效果可为素材添加彩色铅笔绘画效果，如图7-299所示。在"效果控件"面板中可调整参数，如图7-300所示。

图7-298   图7-299   图7-300

重要参数详解

◇ **反转：**勾选后可以产生黑板彩色粉笔画效果。

◇ **与原始图像混合：**设置调整效果与原始图像的混合程度。

6.浮雕

使用"浮雕"效果可以为素材添加灰色浮雕效果，如图7-301所示。在"效果控件"面板中可调整参数，如图7-302所示。

图7-301   图7-302

重要参数详解

◇ **方向：**设置浮雕的方向。

◇ **起伏：**设置浮雕效果的起伏程度，值越大，浮雕效果越明显。

◇ **对比度：**设置浮雕效果的对比度，值越大，浮雕效果对比度越强。

◇ **与原始图像混合：**设置该效果与原始图像混合程度。

7.画笔描边

使用"画笔描边"效果可让素材产生水彩画效果，如图7-303所示。在"效果控件"面板中可调整参数，如图7-304所示。

图7-303   图7-304

重要参数详解

◇ **描边角度：**设置"画笔描边"效果的角度。

◇ **画笔大小：**设置画笔大小，值越大画笔越大。

◇ **描边长度：**设置"画笔描边"效果的长度。

◇ **描边浓度：**设置"画笔描边"效果的浓度。

◇ **绘画表面：**选择绘画的形式。

◇ **与原始图像混合：**设置该效果与原始图像混合的程度。

8.粗糙边缘

使用"粗糙边缘"效果可让素材的边缘变得非常粗糙，通常用此效果来制作故事类视频的边框，如图7-305所示。在"效果控件"面板中可调整参数，如图7-306所示。

图7-305

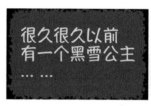

图7-306

重要参数详解

◇ **边缘类型：** 选择"粗糙边缘"效果的类型。

◇ **边框：** 设置"粗糙边缘"效果的边框大小。

◇ **边缘锐度：** 设置和调整边缘的锐度大小。

◇ **不规则影响：** 设置"粗糙边缘"效果的不规则程度，值越大边缘越粗糙。

◇ **比例：** 设置"粗糙边缘"效果所占的比例。

◇ **伸缩宽度或高度：** 设置边缘伸缩的宽度或高度，值越大伸缩程度越高。

◇ **偏移（湍流）：** 设置边缘的偏移程度。

◇ **复杂度：** 设置边缘的复杂程度。

◇ **演化：** 可在设置关键帧动画时调整效果的演化程度。

9.纹理

使用"纹理"效果可让素材模拟贴图效果，如图7-307所示。在"效果控件"面板中可调整参数，如图7-308所示。

图7-307

图7-308

重要参数详解

◇ **纹理图层：** 选择需要添加"纹理"效果的素材图层。

◇ **光照方向：** 为素材设置"纹理"效果的光照方向。

◇ **纹理对比度：** 设置"纹理"效果的对比度，值越大纹理效果越明显。

◇ **纹理位置：** 设置"纹理"效果作用的位置。

10.色调分离

使用"色调分离"效果可以为素材添加渐变色阶效果，如图7-309所示。在"效果控件"面板中可调整参数，如图7-310所示。

图7-309

图7-310

重要参数详解

◇ **级别：** 设置色调分离的级别，值越大，色调分离级别越高。

11.闪光灯

使用"闪光灯"效果可为素材设置灯光闪烁的效果，如图7-311如图所示。在"效果控件"面板中可调整参数，如图7-312所示。

图7-311　　　　　　　　　　　　　　　　　图7-312

重要参数详解

◇ **闪光色：** 设置和调整闪光灯闪烁的颜色。

◇ **与原始图像混合：** 设置该效果与原始图像的混合程度。

◇ **闪光持续时间（秒）：** 设置闪光效果的持续时间。

◇ **闪光周期（秒）：** 设置每两次闪光效果的间隔时间。

◇ **随机闪光概率：** 设置随机闪光效果的概率。

技巧提示：模拟"闪光灯"效果的方法

模拟"闪光灯"效果的原理就是置入随机白色画面，使画面看起来像是在闪烁。也可以使用颜色遮罩来模拟该效果，只需要新建白色的颜色序列，然后将其不均匀地分布在轨道上即可，如图7-313所示。虽然两种方法实现的效果一样，但是直接使用"闪光灯"效果更方便，能够节省时间，读者应根据具体情况选择使用的方法。

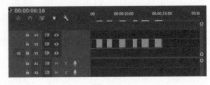

图7-313

12.阈值

使用"阈值"效果可让素材呈现黑白效果，如图7-314所示。在"效果控件"面板中可调整参数，如图7-315所示。

图7-314　　　　　　　　　　　　　　　　　图7-315

13.马赛克

使用"马赛克"效果可将素材变为马赛克画面，马赛克效果常被用于对画面中不宜出现的事物进行遮挡，如图7-316所示。在"效果控件"面板中可调整参数，如图7-317所示。

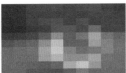

图7-316　　　　　　　　　　　　　　　　　图7-317

重要参数详解

◇ **水平块：** 设置水平方向上马赛克的数量。

◇ **垂直块：** 设置垂直方向上马赛克的数量。

7.3 高级效果的制作

　　在Premiere中也可以利用多种效果的叠加来制作更加高级的效果，本节将通过结合多种效果和前面学过的功能来制作更加高级的效果。

案例训练：制作画笔涂抹开场

素材位置	素材文件＞CH07＞案例训练：制作画笔涂抹开场
实例位置	实例文件＞CH07＞案例训练：制作画笔涂抹开场
学习目标	学习书写效果的制作和轨道遮罩键的用法

　　在前面已经对"轨道遮罩键"效果及其原理进行了讲解，该效果可以对某一轨道上的带有Alpha通道的素材进行遮罩设置，利用书写效果可以在Premiere中模拟书写文字的效果，如图7-318所示。由于画笔效果带有Alpha通道，因此当为其添加轨道遮罩键后就能得到图7-319所示的效果。在此基础上，还可以通过增大画笔和为其设置关键帧来实现涂抹式的开场效果。

　　本案例训练的最终效果如图7-320所示。

图7-318

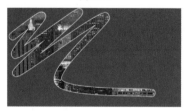

图7-319

图7-320

01 打开Premiere并新建项目，将"素材文件＞CH07＞案例训练：制作画笔涂抹开场"文件夹中的"枫叶.mp4"文件导入"项目"面板中，如图7-321所示。

02 将"枫叶.mp4"拖曳到"时间轴"面板中创建序列，新建一个调整图层，将其拖曳到"时间轴"面板中的V2轨道上，设置其长度与"枫叶.mp4"的长度相同，如图7-322所示。

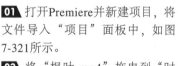

图7-321

图7-322

03 对调整图层进行嵌套操作。在"时间轴"面板中单击鼠标右键，在快捷菜单中执行"嵌套"命令，将其命名为"嵌套序列01"，如图7-323所示。

04 在"效果"面板中找到"视频效果＞生成＞书写"效果，将其应用到"嵌套序列01"上，如图7-324所示。在"效果控件"面板中设置"缩放"为300.0，分别设置"书写效果"的"画笔大小"和"画笔硬度"为50.0和100％，如图7-325和图7-326所示。

图7-323　　　　　　　　　图7-324　　　　　　　　　图7-325　　　　　　　　　图7-326

05 将时间线拖曳到00:00:00:00处，单击"画笔位置"前面的"切换动画"按钮█，设置"画笔位置"为（560.0，392.0），如图7-327所示。将时间线拖曳到00:00:00:05处，设置"画笔位置"为（1341.0，392.0），如图7-328所示。

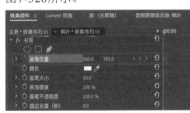

图7-327　　　　　　　　　　　　　　　　　　　　图7-328

06 将时间线拖曳到00:00:00:10处，设置"画笔位置"为（594.0，477.0），如图7-329所示。将时间线拖曳至00:00:00:15处，设置"画笔位置"为（1312.0，515.0），如图7-330所示。

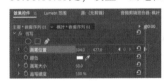

图7-329　　　　　　　　　　　　　　　　　　　　图7-330

07 将时间线拖曳至00:00:00:20处，设置"画笔位置"为（610.0，600.0），如图7-331所示。将时间线拖曳至00:00:01:01处，设置"画笔位置"为（1314.0，666.0），如图7-332所示。

图7-331　　　　　　　　　　　　　　　　　　　　图7-332

08 在"效果"面板中找到"视频效果＞键控＞轨道遮罩键"效果，将其应用到"时间轴"面板中的"枫叶.mp4"上。在"效果控件"面板中设置"遮罩"为"视频2"，如图7-333所示。最终效果如图7-334所示。

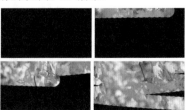

图7-333　　　　　　　　　　　　　　　　　　　　图7-334

案例训练：制作人物帧定格画面

素材位置　素材文件＞CH07＞案例训练：制作人物帧定格画面
实例位置　实例文件＞CH07＞案例训练：制作人物帧定格画面
学习目标　掌握蒙版和裁剪的用法

前面已经讲解过如何通过蒙版抠像。通常，在视频中会出现较多的主体，且环境复杂，容易分散观众的注意力。如果使用蒙版抠像，将需要突出的主体进行抠像，就能得到单独的物体，如图7-335所示。在抠像的基础上，还可以添加文字、图形等来进一步突出主体，如图7-336所示。

图7-335　　　　　　　　　　　　　　　　　　　　　图7-336

本案例训练的最终效果如图7-337所示。

图7-337

01 打开Premiere并新建项目，将"素材文件＞CH07＞案例训练：制作人物帧定格画面"文件夹中的"抠像人物.mp4"和"笔刷素材.png"文件导入"项目"面板中，如图7-338所示。

02 将"抠像人物.mp4"拖曳到"时间轴"面板中创建序列，将时间线拖曳到00:00:03:00处，在轨道素材上单击鼠标右键，在快捷菜单中执行"插入帧定格分段"命令，如图7-339所示。将分割出来的帧定格在V3轨道上并复制一份，如图7-340所示。

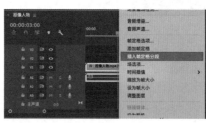
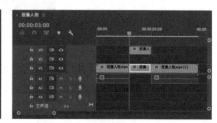

图7-338　　　　　　　　　　　　图7-339　　　　　　　　　　　　图7-340

03 选择V3轨道上的素材，调出"效果控件"面板，找到"不透明度"选项，使用"自由绘制贝塞尔曲线"工具 ✎ 对画面中的人物边缘进行抠像操作，如图7-341所示。抠像完成后，设置"不透明度"中的"蒙版羽化"为15.0，如图7-342所示。

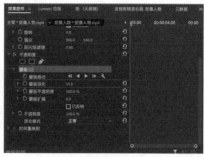

图7-341　　　　　　　　　　　　　图7-342

04 对关键帧进行设置。将时间线拖曳到00:00:03:00处,单击"位置"和"缩放"前面的"切换动画"按钮 ⊙ ,创建关键帧。将时间线拖曳至00:00:03:10处,设置"位置"为(890.0,540.0),"缩放"为130.0。将时间线拖曳到00:00:04:10处,设置"缩放"为130.0,"位置"为(890.0,540.0)。将时间线拖曳至00:00:04:24处,设置"缩放"为100.0,"位置"为(960.0,540.0),如图7-343所示。

05 选择所有关键帧并单击鼠标右键,在快捷菜单中执行"临时插值>贝塞尔曲线"命令,如图7-344所示。

图7-343　　　　图7-344

06 将"项目"面板中的"笔刷素材.png"拖曳到"时间轴"面板中的V2轨道上,将其置于V3轨道素材的下方,设置其长度与V3轨道素材长度一致,如图7-345所示。

07 在菜单栏中执行"文件>新建>旧版标题"命令,在"字幕"窗口中使用"文字工具" ⊤ 输入需要的文字,文字效果可根据需求进行更改,如图7-346所示。设置完成后关闭窗口。

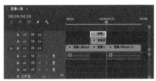 

图7-345

图7-346

08 在"项目"面板中找到刚刚设置的字幕素材,将其拖曳到"时间轴"面板的V4轨道上,将其长度更改为与V3轨道上的素材长度一致,如图7-347所示。

09 在"效果"面板中找到"视频效果>变换>裁剪"效果,将其应用到V2和V4轨道的素材上。打开"效果控件"面板,找到裁剪效果的选项,进行关键帧设置。将时间线拖曳到00:00:03:00处,单击"右侧"前面的"切换动画"按钮 ⊙ ,设置关键帧。将时间线拖曳至00:00:03:10处,设置"右侧"为0%。将时间线拖曳到00:00:04:10处,设置"缩放"为0.0。将时间线拖曳至00:00:04:24处,设置"缩放"为100.0,如图7-348所示。

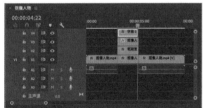  

图7-347　　　　图7-348

图7-349

10 选择所有关键帧后单击鼠标右键,在快捷菜单中执行"贝塞尔曲线"命令,如图7-349所示。最终效果如图7-350所示。

图7-350

案例训练：制作酷炫建筑物遮挡文字的效果

素材位置　素材文件＞CH07＞案例训练：制作酷炫建筑物遮挡文字的效果
实例位置　实例文件＞CH07＞案例训练：制作酷炫建筑物遮挡文字的效果
学习目标　掌握蒙版和"颜色键"效果的用法

通过蒙版可以突出主体的作用。在本案例中通过蒙版与原图像的结合，可制作文字被遮挡的效果，此类效果可给观众一种层次感。其原理是让两个相同的图层上下排列，对上层图像进行抠像处理，在两个图层之间添加其他需要被遮挡的物体，以此制作出炫酷的遮挡效果，如图7-351所示。

本案例训练的最终效果如图7-352所示。

图7-351　　　　　　　　　　　　　　　　　　　　图7-352

01 打开Premiere并新建项目，将"素材文件＞CH07＞案例训练：制作酷炫建筑物遮挡文字的效果"文件夹中的"建筑航拍.mp4"文件导入"项目"面板中。将其拖曳到"时间轴"面板中创建序列，如图7-353所示。

02 在菜单栏中执行"文件＞新建＞旧版标题"命令，在"字幕"窗口中输入文字"CRMIRACLE"，调整其位置和大小，如图7-354所示。设置完成后关闭此窗口。

03 在"项目"面板中将刚刚设置的字幕素材拖曳到"时间轴"面板中的V2轨道上，设置其长度与V1轨道上的素材长度一致。设置完成后，将V1轨道上的素材视频部分向V3轨道上复制一份，如图7-355所示。

图7-353　　　　　　　　　　图7-354　　　　　　　　　　图7-355

04 在"效果"面板中找到"视频效果＞键控＞颜色键"效果，将其应用到V3轨道的素材上。在"效果控件"面板中并找到"颜色键"效果的设置选项，使用"吸管工具" 吸取监视器中的天空颜色。设置"颜色容差"为60，如图7-356所示。最终效果如图7-357所示。

图7-356　　　　　　　　　　　　　　　　　　图7-357

案例训练：制作玻璃划过视频效果

素材位置　素材文件＞CH07＞案例训练：制作玻璃划过视频效果
实例位置　实例文件＞CH07＞案例训练：制作玻璃划过视频效果
学习目标　掌握"径向阴影"和"轨道遮罩键"效果的用法

前面已经介绍过轨道遮罩键的原理，这里通过"径向阴影"和"轨道遮罩键"效果来制作玻璃划过视频的效果。

本案例训练的最终效果如图7-358所示。

图7-358

01 打开Premiere并新建项目，将"素材文件＞CH07＞案例训练：制作玻璃划过视频效果"文件夹中的"雪山.mp4"文件导入"项目"面板中。将"雪山.mp4"拖曳到"时间轴"面板中创建序列，如图7-359所示。

02 将V1轨道上的"雪山.mp4"复制一份到V2轨道上，为抠图做准备，如图7-360所示。在菜单栏中执行"文件＞新建＞旧版标题"命令，在"字幕"窗口中使用"矩形工具"■绘制一个矩形，用于模拟玻璃效果并调整其位置，如图7-361所示。设置完成后关闭该窗口。

图7-359　　　　　图7-360　　　　　　　　　　图7-361

03 在"项目"面板中找到刚刚绘制的矩形，将其拖曳到"时间轴"面板中的V3轨道上，调整其长度与V2轨道上的素材长度一致，如图7-362所示。

图7-362

04 在"效果"面板中找到"视频效果＞键控＞轨道遮罩键"效果，将其拖曳到V2轨道上的素材上。在"效果控件"面板中设置"缩放"为130.0，设置"轨道遮罩键"效果中的"遮罩"为"视频3"，如图7-363所示。

05 单击V3轨道上的素材，调出"效果控件"面板，对玻璃的划动效果进行设置。将时间线拖曳到00:00:00:00处，单击"位置"前面的"切换动画"按钮■，添加关键帧。将时间线拖曳到00:00:00:05处，设置"位置"为（1190.0,540.0）。将时间线拖曳到00:00:02:22处，设置"位置"为（1760.0,540.0）。将时间线拖曳到00:00:03:03处，设置"位置"为（2560.0,540.0），如图7-364所示。

图7-363　　　　　　　　　　　　图7-364

06 在"效果"面板中找到"视频效果>透视>径向阴影"效果，使用该效果可以让制作的玻璃效果更加明显，将其应用到"时间轴"面板中的V3轨道的素材上。在"效果"面板中找到"亮度与对比度"效果，将其应用到"时间轴"面板V2轨道的素材上，更加突显玻璃的效果，如图7-365所示。

07 单击V2轨道上的素材，调出"效果控件"面板，设置"亮度与对比度"中的"亮度"为45.0，如图7-366所示，最终效果如图7-367所示。

图7-365

图7-366

图7-367

案例训练：制作水流生成的片头文字

素材位置	素材文件>CH07>案例训练：制作水流生成的片头文字
实例位置	实例文件>CH07>案例训练：制作水流生成的片头文字
学习目标	掌握"波形变形"效果的用法

利用"波形变形"效果可以很便捷地模拟水流效果，由于"波形变形"效果的波浪是自动运动的，因此将波浪与轨道遮罩键结合，就可以做出水流生成文字的效果，如图7-368所示。

图7-368

本案例训练的最终效果如图7-369所示。

图7-369

01 打开Premiere并新建项目，将"素材文件＞CH07＞案例训练：制作水流生成的片头文字"文件夹中的"下雨.mp4"文件导入"时间轴"面板中，使其创建序列，如图7-370所示。

02 在菜单栏中执行"文件＞新建＞旧版标题"命令，在"字幕"窗口中输入文字，调整大小和字体，将文字放到合适位置，如图7-371和图7-372所示。完成设置后关闭窗口。

图7-370

图7-371

图7-372

03 在"项目"面板中找到刚刚设置的文字素材，将其拖曳到"时间轴"面板中的V2轨道上。更改V1轨道上的素材长度，使其与V2轨道上的素材长度一致，如图7-373所示。

04 在"项目"面板中单击"新建项"按钮，执行"颜色遮罩"命令，新建一个颜色遮罩用来制作水波效果，颜色随机选择即可，如图7-374所示。单击"确定"按钮，完成创建。将颜色遮罩从"项目"面板中拖曳至"时间轴"面板中的V3轨道上，如图7-375所示。

图7-373

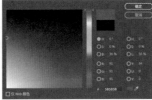

图7-374

图7-375

05 在"效果"面板中找到"视频效果＞扭曲＞波形变形"效果，将其应用到"时间轴"面板中的V3轨道的素材上。在"效果控件"面板中设置"波形类型"为半圆形，"波形高度"为－260，"波形宽度"为370，设置该图层位置的y轴参数，使其位于文字下方，如图7-376所示，效果如图7-377所示。

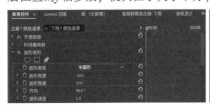

图7-376

图7-377

06 在"效果"面板中找到"视频效果＞键控＞轨道遮罩键"效果，将其应用到"时间轴"面板中的V2轨道的素材上，在"效果控件"面板中设置"遮罩"为"视频3"，如图7-378所示。

07 回到"效果"面板中，找到"视频效果＞扭曲＞变换"效果，将其应用到时间轴面板中的V3轨道的素材上。在"效果控件"面板中将时间线拖曳到00:00:00:00处，单击"位置"前面的"切换动画"按钮，添加关键帧。将时间线拖曳到00:00:03:00处，调整"位置"的y轴参数，直到"节目"面板中的文字完全显现，如图7-379所示。最终效果如图7-380所示。

图7-378

图7-379

图7-380

7.4 综合训练

本节的综合训练将使用之前学习过的效果来进行大型综合效果的制作。

综合训练：制作新闻栏目

素材位置	素材文件＞CH07＞综合训练：制作新闻栏目
实例位置	实例文件＞CH07＞综合训练：制作新闻栏目
学习目标	掌握旧版标题和"线性擦除"效果的用法

本综合训练将通过Premiere来制作新闻栏目。新闻栏目的要素一般包括新闻栏目名称、新闻字幕条和新闻介绍等。利用Premiere强大的文字工具和效果可以制作出一套专属于自己的新闻栏目模板。

本综合训练最终效果如图7-381所示。

图7-381

1.制作新闻栏目名称

01 打开Premiere并新建项目，将"素材文件＞CH07＞综合训练：制作新闻栏目"文件夹中的"光效粒子.mp4"文件导入"项目"面板中，将其拖曳到"时间轴"面板中创建序列，如图7-382所示。

02 制作新闻栏目的标题。将时间线拖曳至00:00:00:20处，在菜单栏中执行"文件＞新建＞旧版标题"命令，在"字幕"窗口中使用"文字工具" T 输入新闻栏目的名称，调整其与光束的位置关系。设置文字"24"的颜色为（R:255,G:26,B:26），"倾斜"为14°，文字"HOURS"的颜色为（R:255,G:255,B:255），"倾斜"为14.0°，文字"NEWS"的颜色为（R:255,G:191,B:25），如图7-383所示。设置完成后关闭窗口。

图7-382

图7-383

03 在"项目"面板中找到刚刚设置的文字素材,将其拖曳到"时间轴"面板中的V2轨道上并设置其长度与V1轨道上的素材长度一致,如图7-384所示。

04 为文字添加动画效果。单击V2轨道上的素材,调出"效果控件"面板,将时间线拖曳至00:00:00:05处,单击"位置"前面的"切换动画"按钮█,添加关键帧。将时间线拖曳至00:00:00:00处,设置"位置"为(960.0,1300.0),如图7-385所示。

05 选择所有关键帧后单击鼠标右键,在快捷菜单中执行"临时插值>贝塞尔曲线"命令,使动画更加流畅,如图7-386所示。

图7-384　　　　　　　　　　　图7-385　　　　　　　　　　图7-386

2.制作新闻字幕条

01 进行新闻字幕条的制作。在这一部分中主要使用"字幕"窗口来绘制字幕条图形,使用"文字工具"█输入新闻提示,使用"视频效果>过渡>线性擦除"效果为其添加动画。将"素材文件>CH07综合训练:制作新闻栏目"文件夹中的"鸵鸟.mp4"文件导入"项目"面板中。

02 双击该素材,在"源"面板中使用"标记入点"按钮█和"标记出点"按钮█设置出点与入点。设置入点在00:00:00:00处,设置出点在00:00:05:00处,按住"仅拖动视频"按钮█,将其拖曳到"时间轴"面板中的V1轨道上作为新闻画面,如图7-387所示。

图7-387

03 在菜单栏中执行"文件>新建>旧版标题"命令,在"字幕"窗口中使用"矩形工具"█绘制两个矩形。

第1个矩形填充为红色(R:255,G:3,B:3),设置"不透明度"为85%,第2个矩形填充为灰色(R:120,G:120,B:120),设置"不透明度"为76%,如图7-388和图7-389所示,设置完成后关闭窗口。

图7-388　　　　　　　　　　图7-389

04 将刚刚绘制的字幕条拖曳至"时间轴"面板中的V2轨道上,如图7-390所示。使用"文字工具"█在字幕条上输入新闻提示的内容了,具体内容可根据需求进行修改,如图7-391所示。

图7-390　　　　　　　　　　　　　　　　　图7-391

05 此时"时间轴"面板中会出现刚刚创建的文字图层，将其与V2轨道上的素材对齐，选择V2和V3轨道上的两个素材后单击鼠标右键，在快捷菜单中执行"嵌套"命令进行嵌套，如图7-392所示。

图7-392

06 通过相同的方法再制作另外一个形式的字幕条。将"素材文件＞CH07＞综合训练：制作新闻栏目"文件夹中的"学生.mp4"文件导入"项目"面板。双击该素材，在"源"面板中设置其入点在00:00:00:00处，设置其出点在00:00:05:00处。按住"仅拖动视频"按钮，将其拖曳到"时间轴"面板的V1轨道上作为新闻画面，如图7-393所示。

图7-393

07 将时间线拖曳至00:00:08:01处，在菜单栏中执行"文件＞新建＞旧版标题"命令，在"字幕"窗口中使用"矩形工具"绘制两个矩形。第1个矩形填充为灰色（R:113，G:113，B:113），设置"不透明度"为65%，第2个矩形填充为白色（R:255，G:255，B:255），设置"不透明度"为92%，如图7-394和图7-395所示。完成后关闭"字幕"窗口。

图7-394   图7-395

08 在"项目"面板中将刚刚创建的图形图层拖曳至"时间轴"面板中的V2轨道上，将其与V1轨道上的素材长度对齐，如图7-396所示。使用"文字工具"在字幕条上输入新闻提示的内容，具体内容可根据需求进行更改，如图7-397所示。

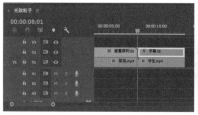

图7-396   图7-397

09 "时间轴"面板中会出现刚刚创建的文字图层，将其与V2轨道上的素材对齐。选择V2和V3轨道上的两个素材后单击鼠标右键，在快捷菜单中执行"嵌套"命令进行嵌套，如图7-398所示。

图7-398

10 使用"字幕"窗口设置天气预报。将"素材文件＞CH07＞综合训练：制作新闻栏目"文件夹中的"天气.mp4""下雨.png""太阳.png"素材导入"项目"面板中。双击"天气.mp4"，在"源"面板中设置其入点在00:00:00:00处，设置其出点在00:00:05:00处，按住"仅拖动视频"按钮，将其拖曳到"时间轴"面板中的V1轨道上作为画面，如图7-399所示。

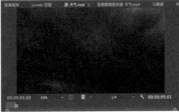

图7-399

11 在菜单栏中执行"文件＞新建＞旧版标题"命令，在"字幕"窗口中进行天气信息排版，如图7-400所示。完成后关闭该窗口，将其拖曳至"时间轴"面板中的V2轨道上，将"太阳.png"和"下雨.png"分别放置于V3和V4轨道上，调整素材位置到画面空白处，如图7-401所示。

图7-400

图7-401

12 将V2、V3和V4轨道上的素材对齐，同时选择"下雨.png""太阳.png""字幕04"3个素材后单击鼠标右键，在快捷菜单中执行"嵌套"命令进行嵌套，如图7-402所示。

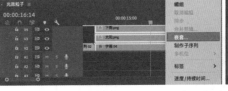

图7-402

3.对字幕条进行动画设置

01 使用Premiere中自带的"线性擦除"效果，将其应用到"嵌套序列01"上，在"效果控件"面板中对其关键帧进行设置。将时间线拖曳至00:00:03:01处，设置"过渡完成"为100.0%，"擦除角度"为－90.0°，单击这两项前面的"切换动画"按钮，添加关键帧，如图7-403所示。

图7-403

02 将时间线拖曳至00:00:03:11处，设置"过渡完成"为0.0%，如图7-404所示，字幕条的出现动画设置完成。可以按快捷键Ctrl＋C和Ctrl＋V将该效果及其设置直接复制到"嵌套序列02"和"嵌套序列03"上，通过这种方法快速对字幕条的动画进行设置，如图7-405所示。

图7-404

图7-405

03 将"素材文件＞CH07＞综合训练：制作新闻栏目"文件夹中的"新闻背景音乐.wav"文件导入"项目"面板中，将其拖曳到"时间轴"面板中，设置其长度与序列总长度相等，如图7-406所示，最终效果如图7-407所示。

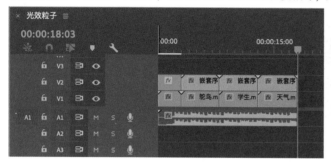

图7-406   图7-407

综合训练：制作炫酷视频开场

素材位置	素材文件＞CH07＞综合训练：制作炫酷视频开场
实例位置	实例文件＞CH07＞综合训练：制作炫酷视频开场
学习目标	掌握蒙版和粗糙边缘的用法

前面已经讲过蒙版在视频制作中的重要性，利用蒙版可以制作出非常多样的炫酷效果。本综合训练主要通过蒙版和粗糙边缘的结合，来制作震撼的炫酷视频开场。

本综合训练的最终效果如图7-408所示。

图7-408

1.对素材进行抠像处理

01 打开Premiere并新建项目，将"素材文件＞CH07＞综合训练：制作炫酷视频开场"文件夹中的"城市海岸.mp4"文件导入"项目"面板中，将其拖曳到"时间轴"面板中创建序列。由于要进行抠像处理，所以需要将素材向V3轨道复制一份，如图7-409所示。

02 单击V3轨道上的素材，调出"效果控件"面板。由于需要制作出建筑物遮挡文字的效果，因此需要使用"自由绘制贝塞尔曲线"工具 对城市的建筑进行抠像操作，如图7-410所示。

03 抠像完成后，回到"效果控件"面板中，设置"蒙版羽化"为0.0，这一操作可以使建筑遮挡文字效果更加美观，如图7-411所示。

图7-409   图7-410   图7-411

04 在菜单栏中执行"文件>新建>旧版标题"命令，在"字幕"窗口中输入文字"SKYLINE"，设置文字底部位置与建筑物的底部位置持平，如图7-412所示。完成后关闭此窗口。

图7-412

05 在"项目"面板中找到刚刚设置的文字图层，将其拖曳到"时间轴"面板中的V2轨道上，设置其长度与V1轨道上的素材长度一致，如图7-413所示。

图7-413

06 将"素材文件>CH07>综合训练：制作炫酷视频开场"文件夹中的"开门.mp4"文件导入"项目"面板中，将其拖曳至"时间轴"面板中的V4轨道上，如图7-414所示。

07 对开门视频进行抠像处理。在"效果"面板中找到"颜色键"效果，将其应用到V4轨道上的素材中，在"效果控件"面板中将时间线拖曳到00:00:06:00处，使用"主要颜色"选项的"吸管工具" 吸取"节目"面板中的白色部分，如图7-415所示。

图7-414

图7-415

2.制作文字消散效果

01 对文字效果进行设置。在"效果"面板中找到"粗糙边缘"效果，将其应用到"时间轴"面板的V2轨道上的素材上。在"效果控件"面板中将时间线拖曳至00:00:10:00处，单击"不透明度"和"边框"前面的"切换动画"按钮，设置关键帧。设置"边框"为0.00，如图7-416所示。

02 制作文字消散的效果。将时间线拖曳至00:00:14:21处，设置"不透明度"为0.0%，"边框"为300.0，如图7-417所示。至此，开门文字消散的效果制作完成。最终效果如图7-418所示。

图7-416

图7-417

图7-418

综合训练：制作动态3D视频

素材位置　素材文件＞CH07＞综合训练：制作动态3D视频
实例位置　实例文件＞CH07＞综合训练：制作动态3D视频
学习目标　掌握"高斯模糊""径向阴影""基本3D"效果的用法

　　很多时候需要通过视频来展示自己的作品，可以是摄影作品，也可以是生活记录，不过单纯地通过直接播放视频难免显得平淡无奇。因此，本综合训练将介绍如何制作动态的3D展示视频，运用基础效果中的"高斯模糊"效果制作视频背景，"径向阴影"效果制作视频边框，"基本3D"效果制作三维动态效果。

　　本综合训练的最终效果如图7-419所示。

图7-419

1.制作视频展示背景

01 打开Premiere并新建项目，将"素材文件＞CH07＞综合训练：制作动态3D视频"文件夹中的"展示1.mp4""展示2.mp4""展示3.mp4"文件导入"项目"面板中。双击"展示1.mp4"，在"源"面板中查看，截取视频前5秒的片段，按住"仅拖动视频"按钮 ，将其拖曳到"时间轴"面板中创建序列，如图7-420所示。

图7-420

02 使用同样的方法将"展示2"和"展示3"素材的前5秒的片段添加到"时间轴"面板中的V1轨道上，如图7-421和图7-422所示。

图7-421

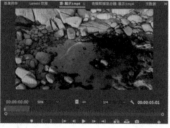

图7-422

03 选择"时间轴"面板中所有的素材，按住Alt键和鼠标左键将其向V2轨道拖曳，将其复制一份作为背景，如图7-423所示。

图7-423

04 在"效果"面板中找到"高斯模糊"效果，将其应用到"时间轴"面板中的V1轨道的"展示1"素材上。在"效果控件"面板中设置"模糊度"为50.0，"模糊尺寸"为水平和垂直，勾选"重复边缘像素"复选框，以此作为背景素材，如图7-424，效果如图7-425所示。

图7-424　　　　　　　　　　　　图7-425

05 在"效果控件"面板中选择"展示1"素材的"高斯模糊"参数，按快捷键Ctrl＋C和Ctrl＋V，将其分别复制到V1轨道的"展示2"和"展示3"素材上，如图7-426所示。效果如图7-427所示。

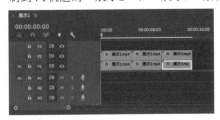

图7-426　　　　　　　　　　　　图7-427

2.设置视频边框

01 选择V2轨道上的"展示1"素材，在"效果控件"面板中设置"缩放"为60.0，如图7-428所示。使用同样的方法，为"展示2"和"展示3"设置"缩放"为60.0，如图7-429所示。

图7-428　　　　　　　　　　　　图7-429

02 在"效果"面板中找到"径向阴影"效果，将其应用到V2轨道的"展示1"素材上，对其进行边框设置。在"效果控件"面板中设置"阴影颜色"为白色（R:255,G:255,B:255），"不透明度"为100.0%，"光源"为（910.0,536.0），"投影距离"为7.0，如图7-430所示，效果如图7-431所示。

03 按快捷键Ctrl＋C和Ctrl＋V将设置分别复制到V2轨道的"展示2"和"展示3"素材上，如图7-432所示。

图7-430

图7-431　　　　　　　　　　　　图7-432

3.设置三维动态效果

01 为视频设置好边框后，在"效果"面板中找到"基本3D"效果，将其应用到"时间轴"面板中的V2轨道的"展示1"素材上。在"效果控件"面板中将时间线拖曳至00:00:00:00处，单击"基本3D"效果下"旋转"和

"倾斜"前面的"切换动画"按钮，添加关键帧。设置"旋转"为19.0°，"倾斜"为－19.0°，如图7-433所示，效果如图7-434所示。

图7-433

图7-434

02 将时间线拖曳至00:00:05:00处，设置"旋转"为－23.0°，"倾斜"为10.0°，如图7-435所示，效果如图7-436所示。

图7-435

图7-436

03 复制"基本3D"效果的设置和关键帧到"展示2""展示3"上，修改一些参数，使每次展示的动态都不尽相同，如图7-437和图7-438所示。至此，三维动态展示制作完成，最终效果如图7-439所示。

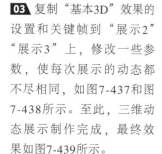

图7-437

图7-438

图7-439

第**8**章 对视频进行调色

■ **学习目的**

在标准的视频制作流程中，调色是非常重要的环节，调色的质量决定了视频的质感，不同的视频风格也可以通过不同的色调来呈现。本章主要讲解如何在 Premiere 中正确进行调色，以及会用到的功能和工具。

■ **主要内容**

· 了解调色的基础知识　　　　　· 掌握在 Premiere 中的调色方法

· 掌握视频效果中的调色方法　　· 掌握调色在视频制作中的应用

8.1 调色基础知识

在制作的视频中，不同的色彩有着不同的情感表达倾向，无论是灰暗的色彩还是鲜艳的色彩，都会在很大程度上影响作品主旨和内涵的表达。例如，同样一段视频，使用单调沉闷的颜色和鲜艳明亮的颜色可以传达出不同的情感，如图8-1所示。

在视频编辑中也要时刻注意画面的色彩，是否出现画面过曝、亮度不足或画面色调偏灰等问题，发现问题后，可以使用Premiere中的颜色编辑工具来调整前期拍摄出现的一些问题。在Premiere中，可以单击界面上部的"颜色"按钮切换到调色区域，如图8-2和图8-3所示。

图8-1

图8-2

图8-3

8.1.1 如何对素材进行调色

要想在Premiere中对素材进行调色处理，有以下两种方法。

第1种： 对单个素材进行调色处理。如果要对单个素材进行调色处理，可以在"时间轴"面板中选择想要进行调色的素材，激活右侧的"Lumetri颜色"面板，便可对素材进行调色操作，如图8-4所示。

第2种： 对多段素材进行调色处理。如果"时间轴"面板中有多段需要进行同样调色处理的素材，可以在"项目"面板中新建一个调整图层，将调整图层拖曳到"时间轴"面板中需要进行调色处理的素材片段上，然后对调整图层进行调色处理，如图8-5所示。

图8-4

图8-5

8.1.2 色相、饱和度、亮度和RGB

在了解调色之前，需要知道调色是对什么进行调整。调色并非简单地调整画面的颜色，而是将画面的多个组成部分进行拆分，进而对各个部分进行细致的调整来修改画面的整体颜色和效果。调色涉及的主要是色相、饱和度、亮度和RGB这4个部分，它们对画面的整体效果起到很大的作用。

1.色相

通俗地讲，色相就是人看到的颜色，色相与饱和度和亮度无关，只是纯粹地表示颜色。无论是视频拍摄的前期还是视频拍摄的后期，有效地运用色相有助于更好地构建画面。色相参考如图8-6所示。

2.饱和度

色彩的饱和度指色彩的鲜艳程度，也称作纯度。在色彩学中，原色饱和度最高，随着饱和度降低，色彩变得暗淡直至成为无彩色（即失去色相的色彩）。在实际应用中，根据饱和度值的高低将色彩分为低饱和度对比、中饱和度对比和高饱和度对比3个基本种类。当一张照片饱和度分别为0.0和100.0时，其效果区别如图8-7所示。

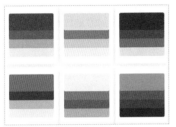

图8-6　　　　　　　　　　　　　　　　　图8-7

高饱和度在制作视频时通常有3个作用。

第一，突出画面主体。如果想要突出视频中的主体，通常可以为它设计一个关键色。关键色通常用服装和道具等媒介的颜色来表达，并运用色彩饱和度进行调节。在电影制作中，可利用高饱和度色彩的前进感，使主体从背景中突出，吸引观众的注意力。还能利用高饱和度色彩对人的影响，加深观众对关键人物、事件的记忆。

第二，营造影片的场景氛围。在视频中，不同的情感表达可以通过画面的色彩饱和度进行区分和表达。利用高饱和度色彩可以制造一个虚造、夸张的世界，表达故事的戏剧性和荒诞性，体现出喜剧效果。

第三，运用高饱和度色彩表达人物情绪。合理的饱和度色彩能够表现人物身份，塑造人物性格，揭示人物内心世界。在视频制作中应调整好每幅画面的色彩饱和度，从而更好地塑造人物形象、表现人物内心。

3.亮度

通俗地讲，在调色中，亮度越高画面发光程度越高，可以通过对比观察同一张照片在不同亮度值下的效果，如图8-8所示。

对亮度的控制在视频制作中非常重要，视频画面过亮会给观众造成不适的观感，并且本就较亮的区域会丢失大量细节，如图8-9所示。

图8-8　　　　　　　　　　　　　　　　　图8-9

> **技巧提示：不要随意调节亮度**
>
> 在一些素材中，由于前期拍摄时进光量不足，造成拍摄素材画面过暗，在后期编辑时就可以通过增加亮度来调节原本较暗的素材。但需要注意，这并不意味着可以随意调节亮度，因为亮度过高和过低都会影响视频的画质。

4.RGB

RGB在视频剪辑中应用广泛，不仅可以作为颜色标准进行调色，还可以利用RGB颜色混合原理与其他效果相结合制作RGB颜色分离的转场效果等，如图8-10所示。

图8-10

8.2 视频调色效果

在第7章中提到的"图像控制""过时""颜色校正"视频效果，它们都是作用在色彩上的，所以放到本节进行讲解。

8.2.1 图像控制

"图像控制"效果组主要包含"灰度系数校正""颜色平衡（RGB）""颜色替换""颜色过滤""黑白"5种效果，如图8-11所示。

图8-11

1.灰度系数校正

使用该效果可调整素材的明暗程度，当"灰度系数"分别为1和28时，其效果对比如图8-12所示。在"效果控件"面板中可对"灰度系数"进行调整，如图8-13所示。

图8-12

图8-13

2.颜色平衡（RGB）

使用该效果可以调整素材中的三原色平衡，具体参数可在其"效果控件"面板中通过"红色""绿色""蓝色"进行调节，如图8-14所示。平时看到的画面都是由三原色（红、绿、蓝）组合形成的，因此在各种动态和静态的画面中，通过对三原色进行调整就可以对视频的基础颜色进行修改。

图8-14

将"红色"参数调至0，可以看到画面中仍然保留绿色和蓝色，如图8-15所示。接着将"绿色"参数调整至0，可以看到画面中仅保留蓝色，如图8-16所示。如果在此基础上再将"蓝色"参数调整至0，画面将呈现黑色，如图8-17所示。

图8-15   图8-16   图8-17

3.颜色替换

使用该效果可以将画面中的某一种颜色更改为另一种颜色。在"效果"面板中可更改"相似性""纯色""目标颜色""替换颜色"参数，如图8-18所示。

单击"目标颜色"或"替换颜色"后面的颜色块，在弹出的"拾色器"对话框中可以选取需要的颜色，如图8-19所示。使用"吸管工具"可以在素材任意位置吸取相应颜色，例如，吸取画面中枫叶的颜色，将其替换为"红色"，如图8-20所示。

图8-18

图8-19

图8-20

增大"相似性"的值可应用更多与目标颜色相似的替换颜色，将"相似性"参数修改为0，画面效果如图8-21所示。勾选"纯色"对话框，可将替换颜色用选取的纯色进行替换，如图8-22所示。利用该效果可以制作许多荒诞的视频效果或弥补前期拍摄时的不足，如图8-23所示。

图8-21

图8-22

图8-23

4.颜色过滤

使用该效果可以使画面中除被选择的颜色之外，其他颜色均以灰色的方式呈现。在"效果控件"面板中可对"相似性""反相""颜色"进行调整，如图8-24所示。

默认添加该效果之后，整个画面变为灰色，可以勾选"反相"复选框，让其显示原本的颜色，再对"颜色"选项进行选择或吸取颜色，如图8-25所示。

图8-24

图8-25

技巧提示："颜色过滤"效果和"颜色替换"效果的不同

"颜色过滤"效果是被选择的颜色都将被替换成灰色，看起来就像没有颜色，这一效果适合对视频进行重新上色操作。"颜色替换"效果是利用"吸管工具"吸取画面中的某种颜色之后，将该颜色褪掉，在其基础上进行颜色替换，不会出现颜色叠加的情况，如图8-26所示。

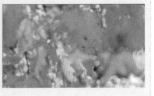

图8-26

5.黑白

使用"黑白"效果可以快速改变画面颜色，以黑白的方式进行显示，如图8-27所示。

图8-27

案例训练：模拟复古风格电影效果

素材位置　素材文件＞CH08＞案例训练：模拟复古风格电影效果
实例位置　实例文件＞CH08＞案例训练：模拟复古风格电影效果
学习目标　掌握"黑白"与"锐化"效果的用法

"黑白"效果在许多电影与电视剧中都有着广泛的应用，使用"黑白"效果不仅可以表达人物的内心情感，渲染气氛，还可以模拟老电影的画面效果，形成一种"年代感"。使用"锐化"效果则可以快速聚焦模糊边缘，提高图像中某一部位的清晰度或者焦距程度，可以使图像特定区域的色彩更加鲜明。利用"锐化"效果可以提高一些模糊视频的清晰度，在合理的范围内提升素材的质感。利用"黑白"和"锐化"效果可以模拟复古电影的风格。

本案例训练的最终效果如图8-28所示。

图8-28

01 打开Premiere并新建项目，将"素材文件＞CH08＞案例训练：模拟复古风格电影效果"文件夹中的"电影画面.mp4"文件导入"项目"面板中，如图8-29所示。

02 将"电影画面.mp4"拖曳到"时间轴"面板上创建序列，在"效果"面板中找到"视频效果＞图像控制＞黑白"效果。双击"黑白"效果或将其拖曳到"时间轴"面板中的"电影画面.mp4"上，如图8-30所示。

图8-29　　　　　　　　　　　　　　　　　　　　　图8-30

03 在"效果"面板中找到"视频效果>模糊与锐化>锐化"效果，双击"锐化"效果或将其拖曳到"时间轴"面板中的"电影画面.mp4"上。单击"电影画面.mp4"素材，调出"效果控件"面板，设置"锐化"效果中的"锐化量"为20，如图8-31和图8-32所示，最终效果如图8-33所示。

图8-31 图8-32

图8-33

技术专题："锐度"效果的添加取决于什么

"锐度"效果在某些情况下可以增添影片的质感，但并非所有的视频都适合添加"锐度"效果，若要刻意营造老电影的模糊感，则可以不必添加"锐度"效果。

8.2.2 过时

"过时"效果组包括"RGB曲线""RGB颜色校正器""三向颜色校正器""亮度曲线""亮度校正器""快速模糊""快速颜色校正器""自动对比度""自动色阶""自动颜色""视频限幅器（旧版）""阴影/高光"12种效果，如图8-34所示。

图8-34

1.RGB曲线

该效果可对素材的RGB曲线进行调整，是颜色调整中非常重要的基础环节，可以直接对视频画面中像素的三原色进行调整，如图8-35所示。在"效果控件"面板中可调整参数，如图8-36所示。

   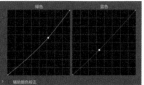

图8-35 图8-36

重要参数详解

◇ **输出：**设置效果的输出方式。

◇ **显示拆分视图：**勾选后，可以根据拆分视图百分比显示调整后的效果。

◇ **布局：**设置拆分视图的布局是垂直方向还是水平方向。

案例训练：制作小清新色调

素材位置　素材文件＞CH08＞案例训练：制作小清新色调
实例位置　实例文件＞CH08＞案例训练：制作小清新色调
学习目标　学习"RGB曲线"的用法

本案例训练的最终效果对比如图8-37所示。

01 打开Premiere并新建项目，将"素材文件＞CH08＞案例训练：制作小清新色调"文件夹中的"弹古筝.mp4"文件导入"项目"面板中，将其拖曳到"时间轴"面板中创建序列，删除其音频，如图8-38所示。

02 在"效果"面板中找到"视频效果＞过时＞RGB曲线"效果，将其应用到"时间轴"面板中的V1轨道的"弹古筝.mp4"素材上。在"效果控件"面板中找到RGB曲线中的"主要"曲线，将其向左上角拖曳，提高画面亮度，如图8-39所示。

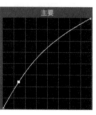

图8-37　　　　　　　　　　　　　　　　　　　图8-38　　　　　图8-39

03 找到"红色"曲线，将其向右下角拖曳，降低画面中红色部分的数量。找到"蓝色"曲线，将其左下角向上拖曳，提高画面中蓝色部分的数量，如图8-40所示，最终效果如图8-41所示。

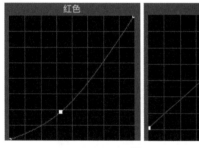
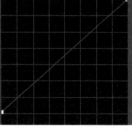

图8-40　　　　　　　　　　　　　　　　　图8-41

2.RGB颜色校正器

使用该效果可对素材的RGB颜色进行校正，一般用在素材的颜色与标准RGB颜色有误差时，以调整RGB颜色，如图8-42所示。在"效果控件"面板中可调整参数，如图8-43所示。

图8-42　　　　　　　　　　　　　　　　　图8-43

重要参数详解

◇ **灰度系数：** 统一设置RGB灰阶。

◇ **基值：** 调整素材白色部分亮度。

◇ **增益：** 调整素材黑色部分亮度。

3.三向颜色校正器

使用"三向颜色校正器"效果可以对素材的"色彩""灰度""高光区域"3个区域的颜色进行校正或调整，如图8-44所示。

图8-44

案例训练：制作怀旧典雅色调

素材位置　素材文件＞CH08＞案例训练：怀旧典雅色调
实例位置　实例文件＞CH08＞案例训练：怀旧典雅色调
学习目标　掌握"三向颜色矫正器"效果的用法

本案例训练的最终效果如图8-45所示。

图8-45

01 打开Premiere并新建序列，将"素材文件＞CH08＞案例训练：怀旧典雅色调"文件夹中的"沏茶.mp4""沏茶文字.jpg""沏茶背景.png"文件导入"项目"面板中，将"沏茶背景.jpg"拖曳到"时间轴"面板中创建序列，如图8-46所示。

02 将"沏茶.mp4"拖曳到"时间轴"面板中的V2轨道上，调整V1轨道上的"沏茶背景.jpg"的长度，使其与V2轨道上的素材长度保持一致，如图8-47所示。

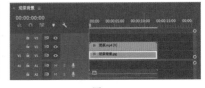

图8-46　　　　　　　　　　　　　　　　　　　图8-47

03 由于不需要用到音频，因此将"沏茶.mp4"的音频部分删除。单击V2轨道上的"沏茶.mp4"，在"效果控件"面板中设置"缩放"为50.0，如图8-48所示。

04 将"项目"面板中的"沏茶文字.png"拖曳到"时间轴"面板中的V3轨道上，设置其长度与V1和V2轨道上的素材长度一致。在"效果控件"面板中设置"位置"为（460.0,300.0），"缩放"为50.0，如图8-49所示。效果如图8-50所示。

图8-48　　　　　　　　　　　图8-49　　　　　　　　　　　图8-50

05 对整体视频进行复古调色处理。在"项目"面板中新建一个调整图层,将其拖曳到"时间轴"面板中的V4轨道上,设置其长度与V1、V2和V3轨道上的素材长度一致,如图8-51所示。

06 在"效果"面板中找到"视频效果>过时>三向颜色校正器"效果,将其应用到"时间轴"面板中的调整图层上,如图8-52所示。

07 单击"时间轴"面板中V4轨道上的调整图层,调出其"效果控件"面板,找到"三向颜色校正器>拆分视图"参数,拖曳"阴影"轮盘指针到红色部分,"中间调"轮盘指针到橙色部分,"高光"轮盘指针到黄色部分,如图8-53所示,最终效果如图8-54所示。

| 图8-51 | 图8-52 | 图8-53 |

图8-54

4.亮度曲线

使用"亮度曲线"效果可对素材的亮度曲线进行调整,如图8-55所示。

5.亮度校正器

使用"亮度校正器"效果可对素材的"亮度""对比度"等参数进行设置,如图8-56所示。在"效果控件"面板中可调整参数,如图8-57所示。

图8-55

| 图8-56 | | 图8-57 |

重要参数详解

◇ **亮度:** 调整素材整体亮度。

◇ **对比度:** 调整素材整体对比度。

◇ **对比度级别:** 设置素材的对比度级别。

◇ **灰度系数:** 设置素材的灰度系数,值越大,素材灰色感越强。

◇ **基值:** 设置素材的亮度基值,值越大,素材整体亮度越高。

◇ **增益:** 设置素材亮度增益,值越大,素材亮度增益越高。

6.快速模糊

使用"快速模糊"效果可对素材进行简单的模糊设置,如图8-58所示。在"效果控件"面板中可调整参数,如图8-59所示。

图8-58

图8-59

重要参数详解

◇ **模糊度:** 对素材的模糊度进行设置,值越大,素材模糊度越高。

◇ **模糊维度:** 设置素材的模糊方式。

案例训练:制作炫酷城市霓虹效果

素材位置　素材文件>CH08>案例训练:制作炫酷城市霓虹效果
实例位置　实例文件>CH08>案例训练:制作炫酷城市霓虹效果
学习目标　掌握"快速模糊"效果的用法

"快速模糊"效果通常用于对画面设置模糊效果,也可以将其应用到文字上。在添加"快速模糊"效果后,需要将同样的文字置于这一图层之下,由于模糊,字体的边缘将会呈现非常模糊的效果,如图8-60所示,这样就可以制作出街边霓虹灯的感觉。

本案例训练的最终效果如图8-61所示。

图8-60

图8-61

01 打开Premiere并新建项目,将"素材文件>CH08>案例训练:制作炫酷城市霓虹效果"文件夹中的"霓虹穿梭.mp4"文件导入"项目"面板中,双击该素材打开"源"面板,在"源"面板中按住"仅拖动视频"按钮■,将其拖曳到"时间轴"面板中创建序列,如图8-62所示。

图8-62

02 使用左侧工具栏中的"文字工具" **T**，在"节目"面板中输入想要制作霓虹效果的文字，调整文字大小和颜色，如图8-63所示。在"时间轴"面板中按住Alt键和鼠标左键将此文字素材向上拖曳，复制两层，如图8-64所示。

03 在"效果"面板中找到"视频效果>过时>快速模糊"效果，分别将其应用到"时间轴"面板中的V2和V3轨道的素材上，如图8-65所示。在V2轨道素材的"效果控件"面板中设置"模糊度"为50.0，如图8-66所示，设置V3轨道素材的"模糊度"为20.0，如图8-67所示，效果如图8-68所示。

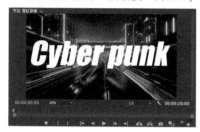
图8-63

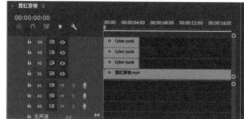
图8-64

图8-65

图8-66

图8-67

图8-68

04 在"时间轴"面板中调整V2、V3和V4轨道上的素材长度，使其与V1轨道上的素材长度一致。将时间线拖曳到00:00:00:20处，使用工具栏中的"剃刀工具" 或按快捷键C对V2、V3和V4轨道上的素材进行切割，如图8-69所示。

05 分别选择V2、V3、V4轨道上的素材并设置其文字填充颜色为粉红色（R:255,G:174,B:174），如图8-70所示。将时间线拖曳到00:00:00:20处，使用"剃刀工具" 对3段素材进行切割，在"效果控件"面板中设置文字填充颜色为淡蓝色（R:174,G:227,B:255），如图8-71所示。

图8-69

图8-70

图8-71

06 将时间线拖曳到00:00:00:40处，使用"剃刀工具" 对3段文字素材进行切割。在"效果控件"面板中将文字填充颜色设置为淡绿色（R:137,G:255,B:201），如图8-72所示，最终效果如图8-73所示。

图8-72

图8-73

7.快速颜色校正器

使用"快速颜色校正器"效果可快速对素材的颜色进行多种形式的调整，如图8-74所示。

8.自动对比度

使用"自动对比度"效果可自动调节素材的对比度，如图8-75所示。

图8-74 图8-75

9.自动色阶

使用"自动色阶"效果可自动对素材进行色阶调整，如图8-76所示。

10.自动颜色

使用"自动颜色"效果可以自动对素材进行颜色调整，如图8-77所示。

图8-76 图8-77

11.视频限幅器（旧版）

使用"视频限幅器（旧版）"效果可对素材颜色进行限幅调整，限制素材的亮度和颜色，让制作的视频的亮度和颜色保持在广播级范围内，如图8-78所示。

12.阴影/高光

"阴影/高光"效果主要是对素材的阴影部分和高光部分进行调整，如图8-79所示。

图8-78 图8-79

8.2.3 颜色校正

"颜色校正"效果组包含"ASC CDL""Lumetri颜色""亮度与对比度""保留颜色""均衡""更改为颜色""更改颜色""色彩""视频限制器""通道混合器""颜色平衡""颜色平衡（HLS）"12种效果，如图8-80所示。

图8-80

1.ASC CDL

使用该效果可对素材中的红、绿、蓝及饱和度进行调整，在视频制作中往往通过应用此效果来更改视频的三原色，如图8-81所示。

2.Lumetri颜色

该效果与"调色"工作区中的"Lumetri颜色"作用完全一致，只不过在该处可以将其作为效果进行添加，同时也可以与其他效果同时添加，在需要多种组合效果时更加方便，如图8-82所示。

图8-81　　　　　　　　　　　　　　　　　　图8-82

3.亮度与对比度

使用"亮度与对比度"效果可对素材的亮度与对比度进行调整，可以在很大程度上影响视频的观感与视频的质量，如图8-83所示。

4.保留颜色

使用"保留颜色"效果可对素材进行单一颜色的保留，能够制作出只保留一种或多种颜色的视频，如图8-84所示。在"效果控件"面板中可调整参数，如图8-85所示。

图8-83

图8-84　　　　　　　　　　　　　　　　图8-85

重要参数详解

◇ **脱色量：** 设置除去选择颜色后的其他颜色的脱色范围和程度，值越大，其余颜色的脱色量越高。

◇ **要保留的颜色：** 选择和设置素材中要保留的颜色。

◇ **容差：** 设置保留颜色的相似颜色范围，值越大，相似色彩保留越多。

◇ **边缘柔和度：** 设置保留颜色的边缘柔和度，值越大，边缘柔和度越高。

技巧提示：保留颜色的作用

保留画面中的单一色彩可起到突出主体的作用，这个技巧被运用在很多经典电影中，能够强化影片带来的震撼力，极具艺术价值，如图8-86所示。在Premiere中有多种保留单一色彩的方法，通常使用效果或调色来保留相关颜色。

图8-86

案例训练：保留花朵的单一色彩

素材位置 素材文件>CH08>案例训练：保留花朵的单一色彩
实例位置 实例文件>CH08>案例训练：保留花朵的单一色彩
学习目标 学习“保留颜色”效果的用法

本案例训练的最终效果对比如图8-87所示。

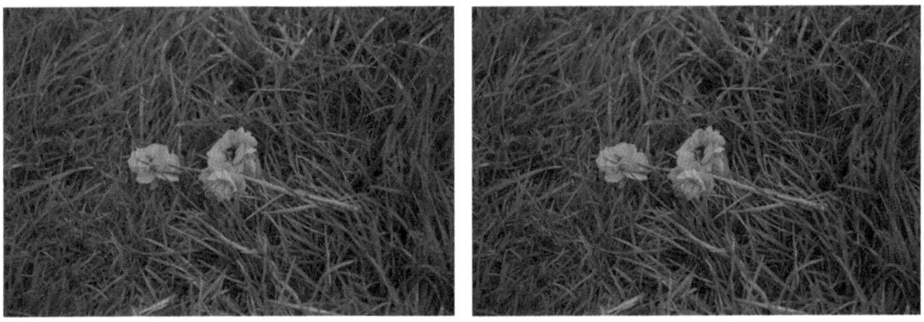

图8-87

01 打开Premiere并新建项目，将“素材文件>CH08>案例训练：保留花朵的单一色彩”文件夹中的“花朵.jpeg”文件导入“项目”面板中，如图8-88所示。

02 将“项目”面板中的“花朵.jpeg”拖曳到“时间轴”面板中创建序列。在“效果”面板中找到“保留颜色”效果，将其应用到“时间轴”面板中的“花朵.jpeg”素材上，如图8-89所示。

03 单击“时间轴”面板中的“花朵.jpeg”，调出“效果控件”面板。找到“保留颜色”下的“要保留的颜色”，单击其右侧的“吸管工具”。因为想要保留视频中花朵的颜色，所以从“节目”面板中吸取花朵的颜色，如图8-90所示。

图8-88

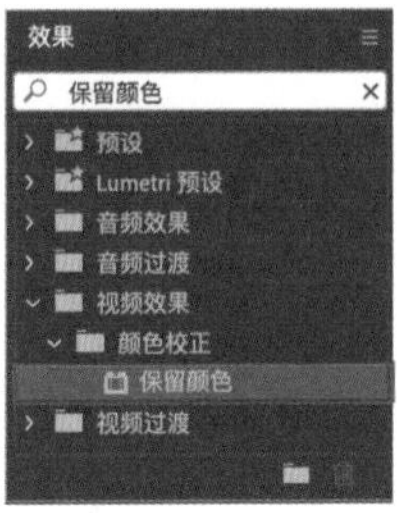

图8-89

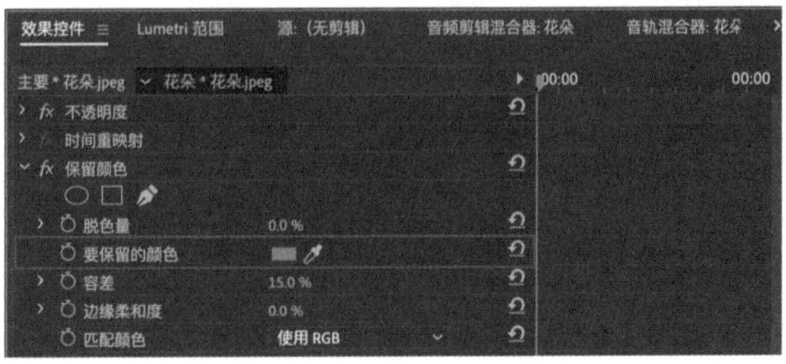

图8-90

04 在“效果控件”面板中设置“脱色量”为100.0%，“容差”为15.0%，如图8-91所示，最终效果对比如图8-92所示。

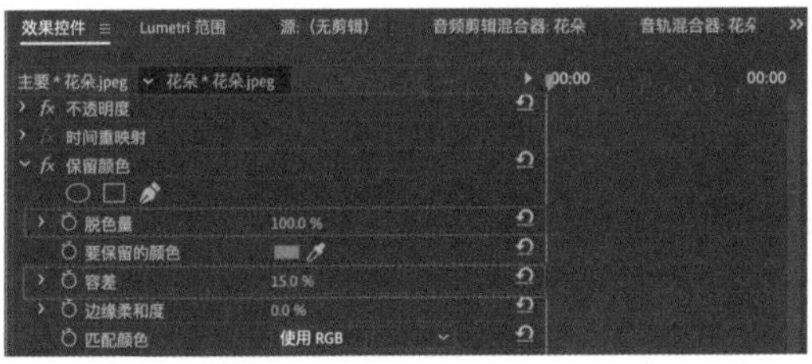

图8-91

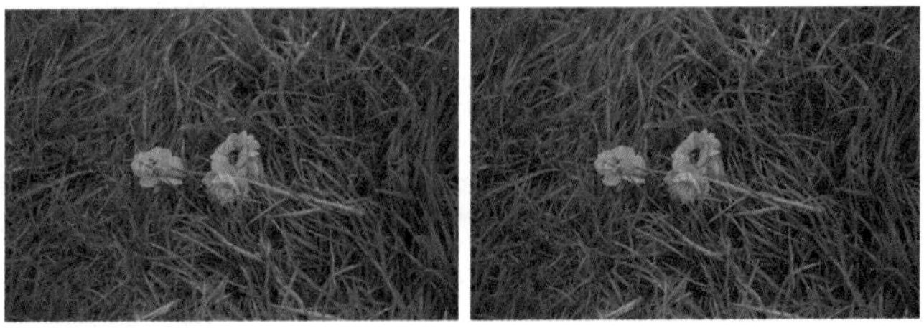

图8-92

5.均衡

使用“均衡”效果可对素材进行颜色均衡设置，可以让视频画面看起来更舒适，如图8-93所示。

6.更改为颜色

使用"更改为颜色"效果可对素材进行颜色的更改替换，如果在前期拍摄中出现了拍摄失误，此效果可以在一定程度上对颜色的失误进行弥补，如图8-94所示。在"效果控件"面板中可调整参数，如图8-95所示。

图8-93

图8-94

图8-95

重要参数详解

◇ **自：**选择要更改的颜色。

◇ **至：**选择更改后的颜色。

◇ **更改：**选择更改颜色的模式。

◇ **更改方式：**选择更改颜色的方式。

7.更改颜色

使用"更改颜色"效果可对素材某单一颜色进行更改和调整，通常用来对素材中大家较为熟知的事物的颜色进行更改，以达到怪异、荒诞的效果。例如将天空的蓝色更改为红色，将树木的绿色更改为紫色，以此来表达作品的一些独特含义，如图8-96所示。

图8-96

案例训练：对天空进行换色

素材位置	素材文件＞CH08＞案例训练：对天空进行换色
实例位置	实例文件＞CH08＞案例训练：对天空进行换色
学习目标	学习"更改颜色"效果的用法

本案例训练的最终效果对比如图8-97所示。

01 打开Premiere并新建项目，将"素材文件＞CH08＞案例训练：对天空进行换色"文件夹中的"阿尔卑斯.mp4"文件导入"项目"面板中，将其拖曳到"时间轴"面板中创建序列，如图8-98所示。

02 在"效果"面板中找到"视频效果＞颜色校正＞更改颜色"效果，将其应用到"时间轴"面板中的"阿尔卑斯.mp4"上，如图8-99所示。

图8-97

图8-98

图8-99

03 单击"时间轴"面板中的"阿尔卑斯.mp4",调出"效果控件"面板。找到"更改颜色"选项,使用"要更改的颜色"右侧的"吸管工具" ✔ 在"节目"面板中吸取天空的颜色,如图8-100所示。

04 设置"色相变换"为40.0,如图8-101所示,最终效果对比如图8-102所示。

图8-100

图8-101

图8-102

8.色彩

使用"色彩"效果可对素材中的黑色与白色进行映射,调整视频中黑色与白色的颜色效果,如图8-103所示。在"效果控件"面板中可调整参数,如图8-104所示。

图8-103

图8-104

重要参数详解

◇ **着色量:** 设置映射颜色的着色量,值越大,着色程度越高。

9.通道混合器

使用"通道混合器"效果可以对素材的各个通道进行混合调整,从而达到调整色调等操作,如图8-105所示。在"效果控件"面板中调整参数,如图8-106所示。该效果将素材进行RGB通道的分离,从而对RGB通道中的红、蓝、绿色各部分进行相应调整,通过颜色的叠加与混合来改变素材的色调。要对其进行设置,只需调整相应颜色的增减。

图8-105

图8-106

10.视频限制器

使用"视频限制器"效果可为视频设置剪辑警告(即剪辑中超出所设限制部分的提示),如图8-107所示。

11.颜色平衡

使用"颜色平衡"效果可对素材中的色彩进行平衡设置,如图8-108所示。

图8-107

图8-108

12.颜色平衡（HLS）

使用该效果可对素材的色相、亮度及饱和度进行调整，如图8-109所示。在素材的"效果控件"面板中可对其HSL参数进行调整，如图8-110所示。

图8-109

图8-110

重要参数详解

◇ **色相：**修改素材的颜色偏向。

◇ **亮度：**修改素材的明亮程度。

◇ **饱和度：**修改素材的饱和度，该参数值为−100.0时，素材为黑白效果。

案例训练：制作高级感动态海报

素材位置	素材文件＞CH08＞案例训练：制作高级感动态海报
实例位置	实例文件＞CH08＞案例训练：制作高级感动态海报
学习目标	掌握"颜色平衡（HLS）"和"杂色"效果的用法

本案例训练的最终效果如图8-111所示。

01 打开Premiere并新建项目，将"素材文件＞CH08＞案例训练：制作高级感动态海报"文件夹中的"海报.jpg"和"海报文字.png"文件导入"项目"面板中，拖曳"海报.jpg"到"时间轴"面板中创建序列，如图8-112所示。

02 按住Alt键和鼠标左键，将"海报.jpg"向上拖曳到V2轨道上，复制一份。在"效果"面板中找到"颜色平衡（HLS）"效果，将其应用到"时间轴"面板V2轨道的"海报.jpg"素材上，单击调出其"效果控件"面板，如图8-113所示。

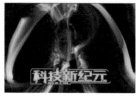
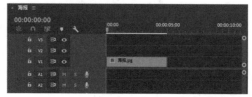

图8-111

图8-112

图8-113

03 在"效果控件"面板中设置"位置"为（950.0,675.0）。为了增加光感效果，将"不透明度"的"混合模式"设置为"点光"，"颜色平衡（HLS）"下的"色相"设置为150.0°，如图8-114所示。

04 为了使颜色偏暗更显高级感，选择V2轨道上的海报素材，按住Alt键和鼠标左键将其拖曳到V3轨道复制一份，设置"位置"为（940.0,675.0），"色相"为300.0°，如图8-115所示。

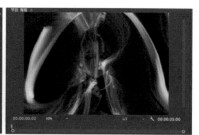

图8-114

图8-115

05 为了进一步增加海报质感，将"海报文字.png"拖曳到"时间轴"面板中的V4轨道上，设置"效果控件"面板中的"位置"为（960.0，1110.0），"缩放"为50.0，"混合模式"为溶解，如图8-116所示。

图8-116

06 在"效果"面板中找到"杂色"效果，将其应用到V4轨道的"海报文字.png"上。调出"效果控件"面板，设置"杂色数量"为100.0%，如图8-117所示，最终效果如图8-118所示。

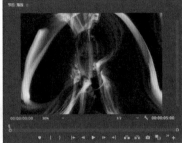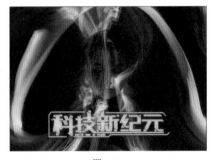

图8-117　　　　　　　　　　　　　　　　　　　　　图8-118

案例训练：制作冷色调时尚大片

素材位置　素材文件＞CH08＞案例训练：制作冷色调时尚大片
实例位置　实例文件＞CH08＞案例训练：制作冷色调时尚大片
学习目标　掌握"颜色平衡（HLS）"效果、RGB曲线和"划出"效果的用法

　　本案例训练的最终效果如图8-119所示。

图8-119

01 打开Premiere并新建项目，将"素材文件＞CH08＞案例训练：制作冷色调时尚大片"文件夹中的"模特.mp4"文件导入"项目"面板中。拖曳"模特.mp4"到"时间轴"面板中创建序列，如图8-120所示。

02 在"效果"面板中找到"颜色平衡（HLS）"效果，将其应用到"时间轴"面板V1轨道的素材上，在"效果控件"面板中设置"亮度"为3.0，"饱和度"为-30.0，调整画面色调，增加画面高级感，如图8-121所示。

图8-120　　　　　　　　　　　　　　　　　　　　　图8-121

03 在"效果"面板中找到"RGB曲线"效果，将其应用到"时间轴"面板中的V1轨道的素材上。在"效果控件"面板中"主要"曲线上单击添加两个点，分别向左上和右下移动。在"绿色"曲线上添加一个点。向左上移动。在"蓝色"曲线上添加一个点，向左上移动，如图8-122所示。

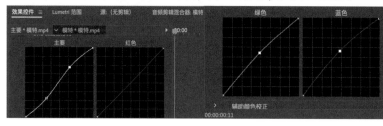

图8-122

04 在菜单栏中执行"文件>新建>旧版标题"命令，在"字幕"窗口中使用"矩形工具" ■绘制矩形，设置"渐变类型"为线性渐变，修改其颜色为粉色（R:220,G:78,B:136）与紫色（R:143,G:29,B:224），设置"角度"为34.0°，输入文字，如图8-123所示。

图8-123

05 关闭"旧版标题"窗口，在"项目"面板中将设置的文字拖曳到"时间轴"面板中的V2轨道上，如图8-124所示。

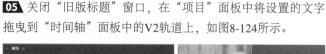

图8-124

06 在"效果"面板中找到"视频过渡>擦除>划出"效果，将其应用到V2轨道的前后处，为V2轨道上的素材添加显示和隐去的动画效果，如图8-125所示，最终效果如图8-126所示。

图8-125

图8-126

8.3 Lumetri颜色

Lookup Table(颜色查找表) 的缩写为LUT，通过LUT可以将一组RGB值输出为另一组RGB值，从而改变画面的曝光与色彩。通俗地讲，可以把LUT理解为滤镜，利用LUT可以快速地渲染一张照片或视频的曝光与色彩。一段视频未套用LUT和套用LUT的效果对比如图8-127所示。

图8-127

在Premiere中，可以通过右侧工作区中的"Lumetri颜色"面板，对素材设置套用LUT或设置更多色调的调整，如图8-128所示。可以看到"Lumetri颜色"面板中有"基本矫正""创意""曲线""色轮和匹配""HSL辅助"和"晕影"6个选项，本书对这6个选项进行讲解。

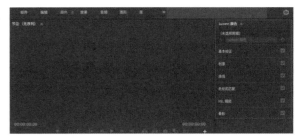

图8-128

8.3.1 基本矫正

在"基本矫正"中可以对原有素材进行基本的颜色调整及对输入的LUT进行选择，如图8-129所示。

重要参数详解

◇ **输入LUT：**可使用LUT作为起点对素材进行分级，如图8-130所示。

图8-129

图8-130

◇ **白平衡**

» **色温：**可以设置素材的色温的冷暖。通常根据作品的类型来调整色调的冷暖，如果想要表现温暖的画面，就应该将色温值调高，如果要表现孤寂、冷漠的画面，则应该将色温值调低。当该值分别为−40.0和40.0时，效果对比如图8-131所示。

» **色彩：**可调整素材的整体色彩。色彩也会在很大程度上影响视频的整体风格，色彩分为偏绿和偏红效果，如图8-132所示。

图8-131

图8-132

◇ **色调**

» **曝光：**调整画面亮度（即曝光程度）。通常在前期拍摄中素材的进光量不足时，通过调整此参数可对其进行曝光补偿；若拍摄的素材曝光已经足够，则无须再对其进行调整。该值分别为−2.0和2.0时，效果对比如图8-133所示。

» **对比度：**指图像暗部和亮部的落差值，即图像最大灰度和最小灰度之间的差值，表示明暗对比程度。对比度可以使颜色表现得更为强烈，因此当颜色作为一部作品里的重要参数时，对比度的调整就显得极为重要。该值分别为−100.0和100.0时，效果对比如图8-134所示。

图8-133

图8-134

　　» **高光：** 对素材中高光区域的亮度进行调整。有时在前期拍摄过程中高光部分会过亮，从而影响视频整体观感，可以通过降低高光部分亮度来平衡颜色。该值分别为0.0和60.0时，效果对比如图8-135所示。

　　» **阴影：** 对素材中的阴影部分进行亮度调整。同高光一样，在前期拍摄时也会遇到阴影部分过暗从而细节无法被看见的情况，这时可以通过增强阴影部分亮度来突显细节。该值分别为0.0和60.0时，效果对比如图8-136所示。

图8-135　　　　　　　　　　　　　　　　　　　图8-136

　　» **白色：** 对素材中的白色部分进行调整，该值分别为0.0和60.0时，效果对比如图8-137所示。

　　» **黑色：** 对素材中的黑色部分进行调整，该值分别为0.0和100.0时，效果对比如图8-138所示。

图8-137　　　　　　　　　　　　　　　　　　　图8-138

　　» **重置：** 对已经调整的参数全部进行重置。

　　» **自动：** 自动对素材的颜色进行调整。

　　◇ **饱和度：** 调整素材的饱和度高低，该值分别为100.0和200.0时，效果对比如图8-139所示。

图8-139

8.3.2 创意

　　在"创意"面板中可以应用Lumetri Look及调整自然饱和度等参数，如图8-140所示。

重要参数详解

　　◇ **Look：** 简单理解即滤镜，Premiere中预设多种Look效果，如图8-141所示。

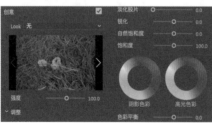

图8-140　　　　　　　　　　　　　　　　　　　图8-141

　　◇ **强度：** 调整应用的Look的强度。如果想要预设的效果非常明显，则可以通过增加强度来实现。应用Look后强度为100.0和200.0的对比如图8-142所示。

　　◇ **调整**

　　» **淡化胶片：** 常用于实现怀旧滤镜风格，该值分别为0.0和50.0时，效果对比如图8-143所示。

图8-142　　　　　　　　　　　　　　　　　　　图8-143

» **锐化：** 调整边缘清晰度，正值为增加边缘清晰度，负值为减小边缘清晰度，该值分别为0.0和60.0时，效果对比如图8-144所示。

» **自然饱和度：** 可以防止肤色的饱和度变得过高，调整此参数可以使人物肤色更加自然。

» **阴影色彩轮：** 调整阴影部分的色彩值，调整细节不明显区域的色彩效果。

» **高光色彩轮：** 调整高光部分的色彩值。

» **色彩平衡：** 平衡剪辑中任何多余的洋红色或绿色。

图8-144

8.3.3 曲线

"曲线"面板中包括"RGB曲线"和"色相饱和度曲线"两部分，其中"色相饱和度曲线"又可以分为色相、亮度和饱和度之间相互搭配的曲线，它们的作用各不相同。

1.RGB曲线

可以使用RGB曲线调整亮度和色调范围。主曲线控制亮度，除此之外，还可以通过选取红绿蓝三个通道来对红色、绿色或蓝色的色调值进行选择性地调整，如图8-145所示。

2.色相饱和度曲线

重要参数详解

◇ **色相与饱和度：** 可以选择色相的范围并调整其饱和度，在此曲线上选择色相后便可调整其饱和度，如图8-146所示。

图8-145　　　　　　　　图8-146

◇ **色相与色相：** 选择色相范围并将其更改为另一色相，选择后进行拖曳到相应色相即可更改；可以使用该功能来改变画面中的某一颜色，例如将红花更改为黄花，将绿草更改为紫色草，如图8-147所示；利用这一特性可以在后期调色时更改前期拍摄时可能不太满意的颜色，也可以通过改变常规事物的颜色来形成一种有差异的怪诞感。

◇ **色相与亮度：** 选择色相范围并调整其亮度，往上为调整增加，往下调整为减少。调整其绿色部分亮度后，效果如图8-148所示。

◇ **亮度与饱和度：** 选择亮度范围并调整其饱和度，选择后将该线上拉即可增加其亮度和饱和度。图8-149所示为增加其亮度与饱和度后的效果。

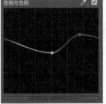

图8-147

图8-148　　　　　　　　图8-149

◇ **饱和度与饱和度：** 选择饱和度范围并提高或降低其饱和度。降低饱和度后的效果如图8-150所示。

技巧提示：锚点的操作技巧

（1）按住Shift键并拖曳即可锁定锚点，使其只能上下移动而不能左右移动。

（2）若要删除单个锚点，可按住Ctrl键并单击该锚点。

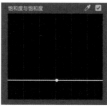

图8-150

8.3.4 色轮和匹配

使用"颜色匹配"选项可以比较整个序列中不同镜头的外观，以此来确保一个或多个场景中的颜色和光线外观匹配，如图8-151所示。

单击"比较视图"按钮，可在"节目"面板中进行对比，通过"镜头或帧比较"按钮可以选择是镜头与镜头之间的对比，还是同一个镜头中帧与帧之间的对比，如图8-152所示。通过右侧色轮和匹配中的三色轮进行调整即可应用颜色匹配。

图8-151   图8-152

重要参数详解

◇ **并排：** 可以使比较视图以并排的方式显示，如图8-153所示。

◇ **垂直拆分：** 可以使同一个镜头以左右各占50%的方式显示，如图8-154所示。

◇ **水平拆分：** 可以使同一个镜头以上下各占50%的方式显示，如图8-155所示。

图8-153   图8-154   图8-155

技巧提示：调整对比比例

将鼠标指针移动至拆分线上，上下或左右拖曳即可调整对比比例，如图8-156所示。

图8-156

案例训练：模拟《爱乐之城》风格

素材位置　素材文件＞CH08＞案例训练：模拟《爱乐之城》风格
实例位置　实例文件＞CH08＞案例训练：模拟《爱乐之城》风格
学习目标　学习基本校正、色轮和匹配的用法

本案例训练的最终效果如图8-157所示。

图8-157

01 打开Premiere并新建项目，将"素材文件＞CH08＞案例训练：模拟《爱乐之城》风格"文件夹中的"爱乐之城1.mp4"和"爱乐之城2.mp4"文件导入"项目"面板中，将其分别拖曳到"时间轴"面板中创建序列，如图8-158所示。

02 由于要进行调色操作，为了便于对色彩进行调整，可在"项目"面板中新建一个调整图层并将其拖曳到"时间轴"面板中的V2轨道上，设置其长度与V1轨道上的"爱乐之城1.mp4"素材长度一致，以保证素材的调色应用长度，如图8-159所示。

03 切换到"颜色"工作区 颜色 ，选择V2轨道上的"爱乐之城1.mp4"，在调色区域的右侧找到"Lumetri颜色＞基本校正"参数，如图8-160所示。

图8-158　　　　　　　　　　　　　　图8-159　　　　　　　　　　　　　图8-160

04 由于需要让天空呈粉红和紫色，因此可以降低"色温"到－40.0，同时将"色彩"调整至20.0，以形成偏蓝紫色的整体色调，如图8-161所示，效果对比如图8-162所示。

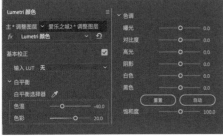

图8-161　　　　　　　　　　　　　　　　　　　图8-162

05 由于电影感的营造需要将画面稍微调暗一点，因此将画面的"曝光"设置为－1.0，如图8-163所示，效果如图8-164所示。

图8-163　　　　　　　　　　　　图8-164

06 由于调整曝光会将原本较暗的区域变得更暗，因此需要对其进行一些补偿。设置"阴影"为40.0，如图8-165所示，效果如图8-166所示。

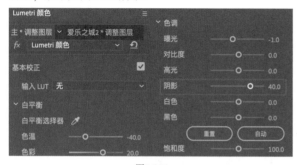

图8-165

图8-166

07 找到"色相饱和度曲线>色相与色相"参数，使用"吸管工具" 吸取画面中的天空颜色，将吸取后的颜色往深蓝色拖曳，如图8-167所示，效果如图8-168所示。

图8-167

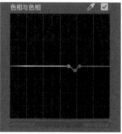

图8-168

08 找到"色轮和匹配>中间调"参数，将"中间调"色轮向紫色部分拖曳，提升整体画面的色调，如图8-169所示，效果如图8-170所示。将时间线拖曳至00:00:10:00处，单击"比较视图"按钮 比较视图 ，效果对比如图8-171所示。

图8-169

图8-170

图8-171

09 选择"时间轴"面板中的"爱乐之城2.mp4"，单击"应用匹配"按钮 应用匹配 ，将前面素材的效果快速应用到选择的素材上，如图8-172所示，最终效果如图8-173所示。

图8-172

图8-173

8.3.5 HSL辅助

"HSL辅助"面板中提供更多颜色工具,包括"键""优化""更正",如图8-174所示。

◇ **键:** 可对HSL通道的颜色进行调整,如图8-175所示。

◇ **优化:** 可对素材进行降噪和模糊处理,如图8-176所示。

  » **降噪:** 对画面进行降噪处理。

  » **模糊:** 对画面进行模糊处理。

◇ **更正:** 可对画面进行"色温""色彩""对比度"等参数设置,如图8-177所示。

图8-174

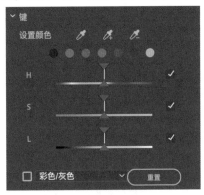

图8-175

图8-176

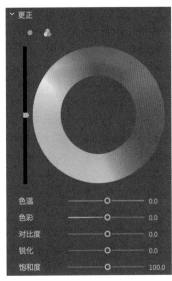

图8-177

8.3.6 晕影

在"晕影"面板中可对素材画面进行晕影的效果设置,该区域的可调整参数如图8-178所示。

图8-178

◇ **数量:** 设置晕影效果的数量,值越大,晕影数量越多,如图8-179所示。

◇ **中点:** 设置晕影中点的扩展范围,值越大,中点部分扩展越多,如图8-180所示。

图8-179

图8-180

◇ **圆度:** 设置晕影的圆形程度,值越大,晕影越偏圆形,如图8-181所示。

◇ **羽化:** 设置晕影边缘的羽化程度,值越大,晕影边缘的羽化程度越高,如图8-182所示。

图8-181

图8-182

案例训练：保留水果的单一颜色

素材位置	素材文件＞CH08＞案例训练：保留水果的单一颜色
实例位置	实例文件＞CH08＞案例训练：保留水果的单一颜色
学习目标	学习"Lumetri颜色"曲线保留颜色的用法

在前面已经介绍过饱和度会影响画面的颜色，高饱和度的颜色更鲜艳，低饱和度的颜色更偏向黑白效果，如果要利用饱和度更改来保留单一颜色，就可以通过Lumetri颜色曲线进行调整。

本案例训练的最终效果对比如图8-183所示。

01 打开Premiere并新建项目，将"素材文件＞CH08＞案例训练：保留水果的单一颜色"文件夹中的"多彩水果.jpg"文件导入"项目"面板中，将其拖曳到"时间轴"面板中创建序列，如图8-184所示。

图8-183   图8-184

02 将工作区切换到"颜色"面板，在右侧找到"Lumetri颜色"面板。由于要对色彩及其饱和度进行调整，所以在此面板中找到"曲线＞色相与饱和度"曲线，如图8-185所示。

03 使用"色相与饱和度"右侧的"吸管工具"，在"节目"面板中吸取任意水果的红色，如图8-186所示。

04 可以看到"色相与饱和度"曲线中出现了3个点，可以拖曳下侧的滚动条将红色区域调整到中间位置，如图8-187所示。

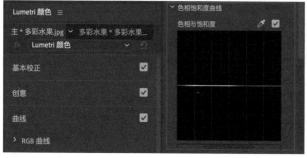

图8-185   图8-186   图8-187

05 由于要保留红色，所以将两侧的点向下拖曳，以此来降低其他颜色的饱和度，如图8-188所示，最终效果对比如图8-189所示。

技巧提示：妙用保留颜色

利用"保留颜色"和"Lumetri颜色"效果均可对色彩进行保留。如果想要保留的颜色更加纯粹，则推荐使用"Lumetri颜色"效果进行颜色的保留，这样保留的颜色可以实时调整色相，对色相的保留也更加精准。同时，善用"吸管工具"，将使操作更方便、快捷。

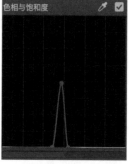

图8-188   图8-189

8.4 色调的复制

在Premiere中可以便捷地对单个素材进行调色，但有时候会遇到多个片段都需要调色且需要相同色调的情况，如果对片段一个一个地进行调整，会比较浪费时间。因此，在Premiere中通常通过以下两种方法对色调进行复制，同时也可以通过以下两种方法进行调色。

1.通过调整图层进行色调复制

调整图层可以理解为一个控制层，通过对控制层进行相应的调整来影响控制层下的素材。在调色时可以对调整图层进行统一的色调更改，利用调整图层来达到色调的统一。在"项目"面板中单击鼠标右键，在快捷菜单中执行"调整图层"命令，新建一个调整图层，将其拖曳到"时间轴"面板中便可对调整图层进行更改，如图8-190所示。利用调整图层，便可对调整图层以下的素材进行相应的控制。

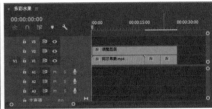

图8-190

2.使用嵌套序列进行色调复制

要对多个素材进行同样的调色操作，还可以通过嵌套序列来实现。嵌套序列通过将多段素材整合为一个序列，对整合后的序列进行调色即可实现对整体的调色，同时也可以双击嵌套序列，对单个素材进行调色操作，其实现原理与调整图层相似。选择需要进行调色的多段素材后单击鼠标右键，在快捷菜单中执行"嵌套"命令即可实现嵌套，如图8-191所示。

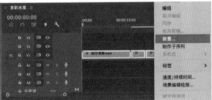

图8-191

8.5 综合训练

本节将通过几大实例在案例中展现色彩对画面的影响。需要注意的是，由于画面的调色往往会因为个人的主观性而各有不同，因此在案例中，需要读者通过对各个案例颜色的调整来理解调色的思路和过程，能够区分在什么样的画面中适合使用什么样的色调，理解不同色调对于画面情感表达的影响。

综合训练：模拟赛博朋克科技风格

素材位置	素材文件＞CH08＞综合训练：模拟赛博朋克科技风格
实例位置	实例文件＞CH08＞综合训练：模拟赛博朋克科技风格
学习目标	掌握"Lumetri颜色"曲线的用法

本综合训练的最终效果对比如图8-192所示。

01 打开Premiere并新建项目，将"素材文件＞CH08＞综合训练：模拟赛博朋克科技风格"文件夹中的"赛博朋克城市.mp4"文件导入"项目"面板，将其拖曳到"时间轴"面板中创建序列，如图8-193所示。

图8-192　　　　　　　　　　　　　　　　　　　　　　图8-193

02 由于要进行调色操作，为了便于对色彩的调整和不破坏原素材，在"项目"面板中新建一个调整图层，将其拖曳到"时间轴"面板中的V2轨道上，设置其长度与V1轨道上的素材长度一致，以保证素材的调色应用长度，如图8-194所示。

03 切换到"颜色"工作区颜色，选择V2轨道上的调整图层，在调色区域的右侧找到"Lumetri颜色＞基本校正"，如图8-195所示。

图8-194　　　　　　　　　　　　　　　　　　　　　　图8-195

04 降低"色温"为－40.0，营造出一种冰冷的未来城感觉，设置如图8-196所示，效果对比如图8-197所示。

图8-196　　　　　　　　　　　　　　　　　　图8-197

05 找到"色彩"属性，由于城市颜色主要由蓝色与红色组成，因此将"色彩"更改为80.0，如图8-198所示，效果如图8-199所示。

06 设置"高光"为60.0，突显城市灯光效果，如图8-200所示，效果如图8-201所示。

图8-198　　　　　　图8-199　　　　　　　　图8-200　　　　　　　　图8-201

07 找到"Lumetri颜色＞曲线"，进行进一步的调整。找到"RGB曲线"，分别向上调整红色与蓝色的曲线，以此增加画面中的红色与蓝色部分，如图8-202所示，效果如图8-203所示。

图8-202　　　　　　　　　　　　　图8-203

08 找到"亮度与饱和度"曲线，对其稍做提升来增加画面的视觉冲击力，如图8-204所示，效果如图8-205所示。至此，赛博朋克科技风格调色完成，最终效果对比如图8-206所示。

图8-204　　　　　　　　　　图8-205　　　　　　　　　　　　图8-206

综合训练：制作漫画风格视频

素材位置　素材文件＞CH08＞综合训练：制作漫画风格视频
实例位置　实例文件＞CH08＞综合训练：制作漫画风格视频
学习目标　掌握"查找边缘"效果的用法

"查找边缘"效果顾名思义就是找寻画面中的边缘，然后将其突出显示。添加"查找边缘"效果后，画面效果对比如图8-207所示。可以看到，使用"查找边缘"效果将画面中的边缘全部查找出来了，有一种在纸上画画的感觉。利用这一效果，就能模仿漫画风格，如果想要更纯粹的无色线条，可以将其与"黑白"效果结合。

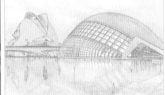

图8-207

本综合训练的最终效果如图8-208所示。

图8-208

01 打开Premiere并新建项目，将"素材文件＞CH08＞综合训练：制作漫画风格视频"文件夹中的"弹吉他.mp4"素材导入"项目"面板中，将其拖曳到"时间轴"面板中创建序列，如图8-209所示。

02 在"项目"面板中单击"新建项"按钮，执行"颜色遮罩"命令新建颜色遮罩，设置新建的颜色遮罩为黑色（R:0,G:0,B:0），如图8-210所示。

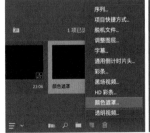

图8-209　　　　　　　　　　　　　　　　　　　图8-210

283

03 将"项目"面板中的颜色遮罩拖曳到"时间轴"面板中的V2轨道上，设置其长度与V1轨道上的素材长度一致，如图8-211所示。

04 在颜色遮罩的"效果控件"面板中将时间线拖曳至00:00:00:00处，单击"位置"前面的"切换动画"按钮🔘，添加关键帧，设置"位置"为（﹣970.0，540.0）。将时间线拖曳到00:00:08:00处，设置"位置"为（960.0，540.0），如图8-212所示。

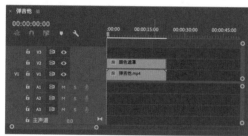
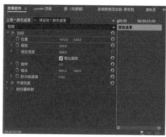
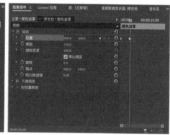

图8-211 图8-212

05 在"效果"面板中找到"轨道遮罩键"效果，将其拖曳到"时间轴"面板V1轨道的素材上，在"效果控件"面板中设置"遮罩"为视频2，如图8-213所示。

06 在"效果"面板中找到"黑白"和"查找边缘"效果，将其均应用到"时间轴"面板的V1轨道素材上，如图8-214所示，最终效果如图8-215所示。

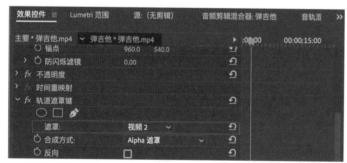

图8-213 图8-214

图8-215

综合训练：为人物瘦脸和美白

素材位置	素材文件＞CH08＞综合训练：为人物瘦脸和美白
实例位置	实例文件＞CH08＞综合训练：为人物瘦脸和美白
学习目标	掌握美白和瘦脸的方法

现在越来越多年轻人选择用视频记录自己的生活，但是使用手机拍摄的画面往往达不到的理想状态，此时可以通过Premiere进行后期的瘦脸和美白。

本综合训练的最终效果对比如图8-216所示。

01 打开Premiere并新建项目，将"素材文件＞CH08＞综合训练：为人物瘦脸和美白"文件夹中的"瘦脸美白.mp4"文件导入"项目"面板中，将其拖曳到"时间轴"面板中创建序列，如图8-217所示。

图8-216　　　　　　　　　　　　　　　　　　图8-217

02 由于要进行瘦脸效果的制作，因此需要按住Alt键和鼠标左键，将"时间轴"面板上的"瘦脸美白.mp4"素材向V2轨道上拖曳复制一份，如图8-218所示。

03 在"效果"面板中找到"镜头扭曲"效果，将其添加到"时间轴"面板中的V2轨道的素材上，如图8-219所示。

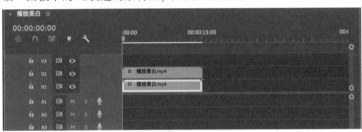 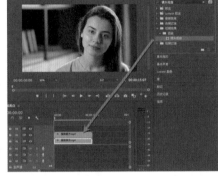

图8-218　　　　　　　　　　　　　　　　　　图8-219

04 调出"时间轴"面板中V2轨道上素材的"效果控件"面板，对画面进行扭曲设置，从而达到一种瘦脸的效果。设置"曲率"为15，取消勾选"填充Alpha"复选框，瘦脸效果不宜设置得太强，如图8-220所示，效果如图8-221所示。

05 使用"镜头扭曲"效果下的"自由绘制贝塞尔曲线"工具 🖊，在"节目"面板中将模特脸附近的区域（最好是沿着多出脸的一点边缘）绘制出来，如图8-222所示。

图8-220　　　　　　　　　　图8-221　　　　　　　　　　图8-222

06 单击"效果控件"面板中的"蒙版路径"效果中的"向前跟踪所选蒙版"按钮 ▶，蒙版会自动跟随模特脸的位置移动并添加关键帧，由于Premiere蒙版跟踪功能有限，因此被拍摄的主体的移动幅度最好不要太大，如图8-223所示。

图8-223

07 设置"蒙版羽化"为121.0，使效果更加柔和，如图8-224所示，效果如图8-225所示。瘦脸效果设置完成，接着对其进行美白效果设置。

08 单击顶部"颜色"按钮 切换到"颜色"工作区，在"项目"面板中新建一个调整图层用于调色，将其拖曳到V3轨道上，调整其长度与V1、V2轨道上的素材长度一致，如图8-226所示。

图8-224

图8-225

图8-226

09 选择V3轨道上的调整图层，在右侧"Lumetri颜色"面板中对其进行调色处理，找到"色轮和匹配"选项，如图8-227所示。

10 确保勾选了"人脸检测"复选框。由于需要对人物的面部颜色进行美白处理，因此将"中间调"滑块向上拖曳，直到画面中人像变白为止，如图8-228所示，效果如图8-229所示。

图8-227

图8-228

图8-229

11 由于提亮肤色的同时也会将环境提亮，因此需要稍微降低环境的颜色，将"高光"与"阴影"滑块稍微向下拉低，如图8-230所示，效果如图8-231所示。最终效果对比如图8-232所示。

图8-230

图8-231

图8-232

第**9**章 美化音频与插件运用

■ 学习目的

　　视频的制作离不开音频的帮助，好的音频不仅可以烘托气氛，还可以制造悬念、增添更加丰富的情感。在 Premiere 中可以制作多种类型的音频效果。插件是用来提高制作效率、提升制作质量的工具，是我们剪辑视频的好帮手。本章主要对视频制作中的音频部分进行介绍，讲解音频的编辑方法。本章还将介绍一些常用的插件的使用方法。

■ 主要内容

· 认识音频效果　　　　　　　　　　· 了解音频效果的作用

· 能够应用各种音频效果　　　　　　· 能够为不同的视频匹配不同的音乐

9.1 认识音频

音频是视频中极为重要的因素，音频不仅可以是音乐，还可以是音效、人声，甚至是噪声。一段丰富的音频中包含多种信息，可以用来渲染氛围、抒发情绪，引导观众对视频的感受。

9.1.1 什么是音频

音频是指通过介质传播并能被人或动物的听觉器所感知的波动现象，如图9-1所示。人类能够听到的所有声音都称为音频，包括噪声。声音被录制下来以后，无论是说话声、歌声，还是乐器声，都可以通过数字音乐软件处理成CD，CD中所有的声音没有改变。如果计算机中有音频卡（即常说的声卡），就可以把所有的声音录制下来。声音的声学特性（如音的高低等）都可以用计算机储存下来。

不同的物体都有着不同的音色，多种多样的音色组成了多姿多彩的世界。同样，各种类型的音频可以帮助我们在制作视频的过程中更好地抒发情感。例如，可以使用缓慢的音乐来表现人物的悲伤心情，也可以使用快节奏的音频来衬托视频的欢快气氛，诸如此类。只要合理使用音频，必然可以为作品带来更多的生命力和活力。

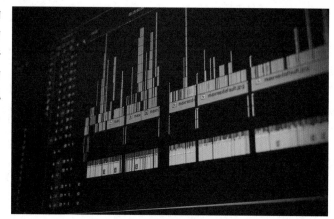

图9-1

9.1.2 如何调整音频

与Premiere的其他功能相同，音频在Premiere中的调整也可以通过多种方式进行。可以单击顶部的"音频"按钮切换到"音频"工作区，如图9-2和图9-3所示。

在"音频"工作区中，左侧是"项目""效果"等面板，可以进行管理项目和添加效果的操作，中间部分分别是"音频剪辑混合器"面板，"节目"面板和"时间轴"面板，右侧则是"基本声音"面板。当素材被导入时的工作区如图9-4所示。

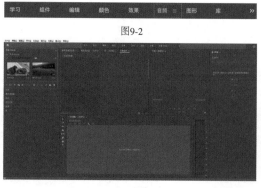

图9-3

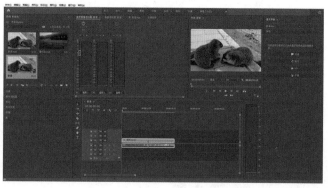

图9-4

若想对音频进行调整，可以在"时间轴"面板中选择相应音频，然后在相应面板中对其进行更改和效果的添加，如图9-5所示。还可以在"效果控件"面板中对基本声音进行调整并设置关键帧等，如图9-6所示。

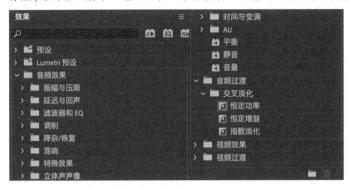

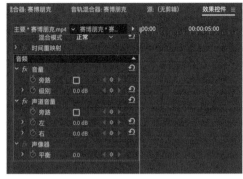

图9-5 图9-6

9.1.3 如何添加音频效果

与视频效果相同，若要对音频文件添加效果，可以在"时间轴"面板择选中需要添加音频效果的音频素材，然后在"效果"面板中找到想要添加的效果，双击该效果或将其直接拖曳到"时间轴"面板中的素材文件上即可应用此音频效果，如图9-7所示。在"效果控件"面板中可以进行相应设置与调整，如图9-8所示。

图9-7 图9-8

9.2 音频效果

在Premiere中有许多默认的音频效果，可以对音频进行诸多处理和编辑。在"效果"面板中的"音频效果"列表中可以看到所有的音频效果，如图9-9所示。

图9-9

9.2.1 振幅与压限

"振幅与压限"效果组包含"动态""动态处理""单频段压缩器""增幅""声道音量""多频段压缩器""强制限幅""消除齿音""电子管建模压缩器""通道混合器"10种效果，如图9-10所示。

图9-10

1.动态

"动态"效果用于调整某一范围内的音频信号，改变音频的音调，如图9-11所示。

2.动态处理

"动态处理"效果用于模拟一些乐器的声音，有多种预设，如图9-12所示。

3.单频段压缩器

"单频段压缩器"效果用于对某一频段的音频进行压缩，如图9-13所示。

4.增幅

"增幅"效果用于增强或减弱音频信号，如图9-14所示。

图9-11　　　　　　　　　　　图9-12

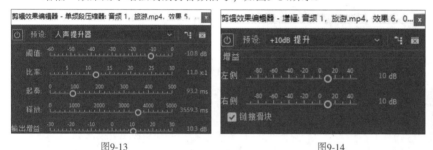

图9-13　　　　　　　　　　　图9-14

5.声道音量

"声道音量"用于调整各个声道上的音量，如图9-15所示。

图9-15

6.多频段压缩器

"多频段压缩器"效果用于将多个频段的音频进行压缩，与单频段压缩器类似，如图9-16所示。

7.强制限幅

"强制限幅"效果用于把信号幅度强制限制在一定范围内，如图9-17所示。

8.消除齿音

"消除齿音"效果用于消除某些音频因录制时所产生的刺耳声音，如图9-18所示。

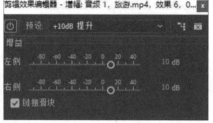

图9-16

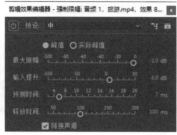

图9-17

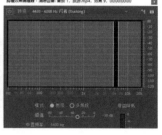

图9-18

9.电子管建模压缩处理器

"电子管建模压缩处理器"效果用于压缩电子管建模的频率，如图9-19所示。

10.通道混合器

"通道混合器"效果用于设置L、R声道上的混合效果，如图9-20所示。

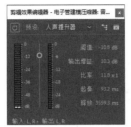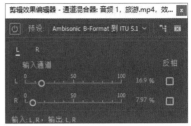

图9-19　　　　　　　　　图9-20

9.2.2　延迟与回声

该效果组主要用于设置声道上音频的时间延迟或用于模拟回声效果，该效果组包含"多功能延迟""延迟""模拟延迟"3种效果，如图9-21所示。

图9-21

1.多功能延迟

"多功能延迟"效果用于为音频制作延迟音效，如图9-22所示。

2.延迟

"延迟"效果与"多功能延迟"效果相似，该效果中可调整的参数较少，如图9-23所示。

3.模拟延迟

"模拟延迟"效果用于为音频制作回音效果，如图9-24所示。

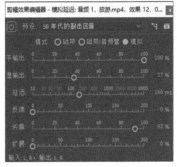

图9-22　　　　　　　　图9-23　　　　　　　　图9-24

9.2.3　滤波器和EQ

"滤波器和EQ"效果组用于对音频的频率进行相应调整，该效果组种类繁多，共有14种效果，如图9-25所示。下面介绍几种主要的效果。

图9-25

1.FFT滤波器

"FFT滤波器"效果用于设置音频的输出频率，如图9-26所示。

2.低通

"低通"效果用于删除高于某一频率的其他频率的音频，如图9-27所示。

3.低音

"低音"效果用于对音频的低音部分进行增益调整，如图9-28所示。

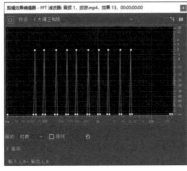

图9-26　　　　　　　　　图9-27

图9-28

4.参数均衡器

"参数均衡器"效果用于对指定频率范围的音频进行增益调整，如图9-29所示。

5.图形均衡器（10段）

该效果用于调整10段不同频率的音频增益，如图9-30所示。

6.图形均衡器（20段）

该效果用于对20段音频的不同频率进行增益调整，如图9-31所示。

图9-29

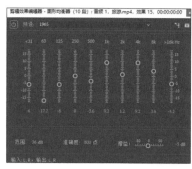

图9-30

7.图形均衡器（30段）

该效果用于对30段音频的不同频率进行增益调整，如图9-32所示。

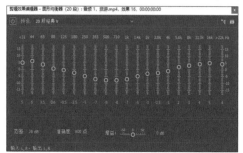

图9-31

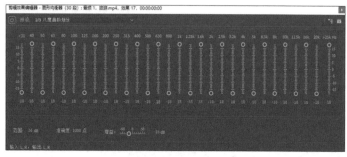

图9-32

8.带通

该效果用于对指定范围的频率进行移除操作，如图9-33所示。

9.科学滤波器

该效果用于对L、R声道的音量进行调整，如图9-34所示。

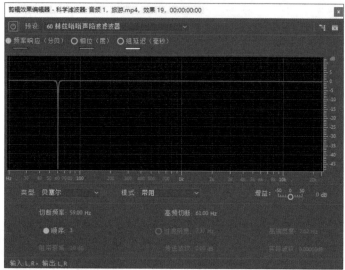

图9-33

图9-34

10.简单的参数均衡

该效果用于对指定频率的音频进行调整，可平衡一定范围内的音调，如图9-35所示。

图9-35

11.简单的陷波滤波器

该效果用于对某些频率的信号进行阻碍操作，如图9-36所示。

12.高通

该效果用于删除低于指定频率的音频，如图9-37所示。

13.高音

该效果用于对音频中的高音部分进行增益设置，如图9-38所示。

图9-36

图9-37

图9-38

9.2.4 调制

"调制"效果组主要包含"和声/镶边""移相器""镶边"3种效果，如图9-39所示。

图9-39

1.和声/镶边

该效果用于对音频进行模拟效果的制作，如图9-40所示。

2.移相器

该效果用于对声音的频率进行改变，以模拟其他声音，如图9-41所示。

3.镶边

该效果用于调整音频和原始信号的关系，如图9-42所示。

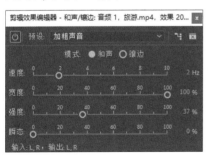

图9-40

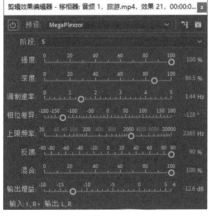

图9-41

图9-42

9.2.5 降杂/恢复

使用该效果组可对音频进行杂音降低或者恢复的操作，包含"减少混响""消除嗡嗡声""自动咔嗒声移除""降噪"4种效果，如图9-43所示。

图9-43

1.减少混响

该效果用于减少音频的混响效果，如图9-44所示。

2.消除嗡嗡声

该效果用于消除音频中的嗡嗡声，如图9-45所示。

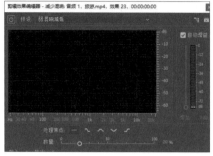
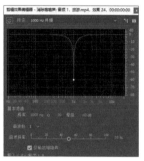

图9-44   图9-45

3.自动咔嗒声移除

该效果用于自动对音频中出现的咔嗒声进行移除操作，如图9-46所示。

4.降噪

该效果用于对有噪声的音频进行降噪处理，如图9-47所示。

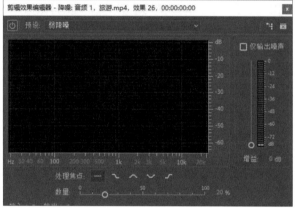

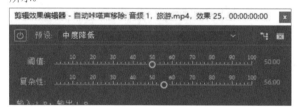

图9-46   图9-47

9.2.6 混响

使用"混响"效果组可为音频添加混响效果，包含"卷积混响""室内混响""环绕声混响"3种效果，如图9-48所示。

图9-48

1.卷积混响

该效果用于设置多种模拟场的混响效果，如图9-49所示。

2.室内混响

该效果用于模拟室内的混响效果，如图9-50所示。

3.环绕声混响

该效果用于模拟音频在多种环境中的环绕混响效果，如图9-51所示。

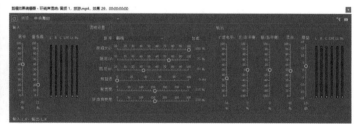

图9-49   图9-50   图9-51

9.2.7 特殊效果

"特殊效果"组用于对音频进行某些特殊化的操作，其使用频率根据个人使用习惯而定，如图9-52所示。

图9-52

1.Binauralizer-Ambisonics

该效果用于在Premiere中进行扬声器设置（只能适用于5.1声道的剪辑）。

2.Loudness Radar

"Loudness Radar"效果是一个基于TC Electronic的LM6雷达控制器，易于观察的响度图示使其可在雷达上跟随时间轴推移观察音频响度变化，如图9-53所示。

图9-53

3.Panner- Ambisonics

该效果用于调整音频信号的定调，可用于立体声编辑（只能适用于5.1声道的剪辑）。

4.互换声道

该效果用于互换L、R声道的信息，如图9-54所示。

5.人声增强

该效果用于对人声进行增强操作，以突出人声特点，如图9-55所示。

6.反转

该效果用于对所有声道进行反转操作，如将左声道反转为右声道，右声道反转为左声道，如图9-56所示。

图9-54   图9-55   图9-56

7.吉他套件

该效果用于模拟吉他效果，如图9-57所示。

8.扭曲

该效果用于对音频进行饱和度应用，如图9-58所示。

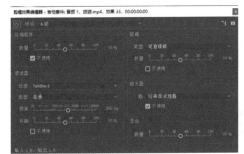

图9-57   图9-58

9.母带处理

该效果用于将人声与乐器声进行混合，如图9-59所示。

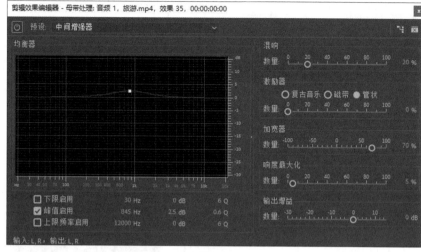

图9-59

10.用右侧填充左侧/用左侧填充右侧

这两种效果用于将一个声道的信息复制给另一声道，如图9-60所示。

图9-60

9.2.8 立体声声像

"立体声声像"效果组仅有"立体声扩展器"1种效果，用于对立体声的动态范围进行调整，如图9-61和图9-62所示。

图9-61

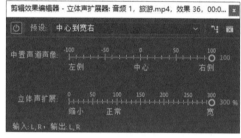

图9-62

9.2.9 时间与变调

"时间与变调"效果组仅有"音高换挡器"1种效果，用于对音频的音高及延伸度进行调整控制，如图9-63和图9-64所示。

图9-63

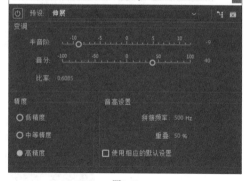

图9-64

平衡： 可对L、R声道的音量进行平衡设置，如图9-65所示。

静音： 可对音频进行静音操作，如图9-66所示。

音量： 可对整体音量进行调整，如图9-67所示。

图9-65

图9-66

图9-67

9.3 音频过渡效果

在Premiere中除了可用"音频效果"效果对音频进行调整之外，还有一个"音频过渡"效果，"音频过渡"效果类似于"视频过渡"效果，主要用于对两段衔接的音频进行过渡调整，而"音频效果"效果则主要是对单个音频进行调整。

在编辑视频时往往会遇到这样的情况：两段带有不同音频的视频在转折时毫无征兆，造成视频的情绪转折过于突兀，如果不使用"音频过渡"效果，就很难处理两段视频之间的关系。因此，Premiere提供了3种音频过渡的效果，它们都属于"交叉淡化"效果组，分别是"恒定功率""恒定增益""指数淡化"，如图9-68所示。

图9-68

恒定功率： 可以让两段音频以交叉的方式进行平滑过渡。

恒定增益： 可让两段音频以一个恒定的增益来实现过渡。

指数淡化： 可让音频呈现淡入效果。

9.4 Premiere部分插件

虽然Premiere作为一款剪辑软件已经有非常强大的功能，但是也免不了有些功能无法满足使用需求。而插件可以弥补Premiere功能的不足，可以提高工作效率，还可以制作出多种炫酷效果。不同的插件有不同的安装方法，安装插件之后，可以在"效果"面板中找到安装的插件，如图9-69所示。下面将介绍一些较为出名、实用性较强的插件。

图9-69

9.4.1 Beauty Box——智能美颜插件

Beauty Box是Digital Anarchy公司出品的一款磨皮润肤美容插件。该插件可自动识别肤色并创建遮罩，只在皮肤区域内使用平滑效果过滤器，通过分析视频设置平滑选项并渲染，使磨皮美白变得非常容易，如图9-70所示。

安装此插件后，可在"效果"面板中找到这款插件，将其应用到"时间轴"面板中需要进行美颜的素材上，调出"效果控件"面板，单击"Analyze Frame"按钮

即可应用美颜效果，如图9-71所示。

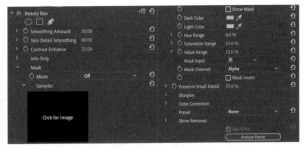

图9-70 图9-71

9.4.2 红巨人（Red Giant Universe）插件

　　Red Giant Universe是一款群集特效插件套装，它包含多种类型的视觉特效和转场插件，为后期提供Red Giant效果和转场集。它提供了多种特效和转场效果插件，几百种预设，整合了旗下著名工具和插件的预设库，均支持GPU加速，并且不断扩大特效库（例如特效、转场、调色、光效、粒子预设等）。要使用此插件中的效果，只需在"效果"面板中将相应的效果应用到素材上即可，如图9-72所示。

　　还可以在"效果控件"面板中单击"Open Dashboard"按钮 Open Dashboard... 对效果进行更多的设置，如图9-73所示。若想使用该插件的过渡效果，只需建立一个调整图层，将调整图层置于两段素材的过渡位置，然后将过渡应用到调整图层上即可。

图9-72

图9-73

9.4.3 ReelSmart MotionBlur——真实动态模糊插件

　　ReelSmart MotionBlur(RSMB) 是由REVisionFX公司出品的一款动态模糊插件。该插件可以在运动的效果中自动添加自然的运动模糊效果。跟踪技术的核心在于ReelSmart运动模糊，无须手动设置，可以尽可能多地添加模糊，甚至消除运动模糊。安装完成后可在"效果"面板中找到此插件，如图9-74所示，可以将此效果直接应用到"时间轴"面板的素材上，如图9-75所示。

图9-74

图9-75

9.4.4 Magic Bullet Looks——调色预设插件

　　Magic Bullet Looks是一款支持200多款调色预设的插件，可以一键快速制作电影级别的调色效果，不仅可以进行色彩校正，还可以精确模拟镜头滤镜和胶卷效果，如图9-76所示。该插件共包含7个效果，如图9-77所示。

图9-76

图9-77

9.4.5 Beat Edit——鼓点自动节拍打点标记插件

在制作踩点类视频时，往往需要音乐节奏和画面相配合。Beat Edit可检测音乐中的节拍并在Premiere的"时间轴"面板中生成标记。可以利用Beat Edit创建与音乐同步的自动编辑，也可以让Beat Edit协助，进行手动编辑过程。安装此插件后可在菜单栏中找到"窗口＞扩展＞Beat Edit"，如图9-78所示。

将音频文件拖曳到"时间轴"面板中，选择需要进行鼓点添加的音频文件，单击"Beat Edit"窗口中的"Load Music"按钮 Load Music，单击"添加标记"按钮 即可生成标记，如图9-79所示。

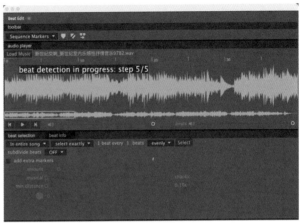

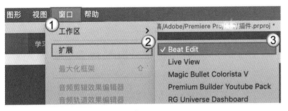

图9-78

图9-79

9.4.6 图形预设插件

在Premiere中还可以添加许多图形预设效果，例如字幕条、统计图等动画效果。不同的预设有不同的使用方法。以Premium Builder Youtube Pack为例，安装此插件后，可以在菜单栏中找到"窗口＞扩展＞Premium Builder Youtube Pack"，如图9-80所示。打开后在其窗口中选择相应的预设效果，如图9-81所示。双击想要应用的效果即可添加，在"基本图形"面板中可以对预设的详细参数进行设置，如图9-82所示。

图9-80

图9-81

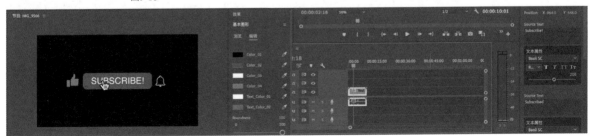

图9-82

9.5 综合训练

本节综合训练将对处理音频时常出现的问题和音频制作的技巧进行讲解。

综合训练：对音频进行降噪处理

素材位置　素材文件＞CH09＞综合训练：对音频进行降噪处理
实例位置　实例文件＞CH09＞综合训练：对音频进行降噪处理
学习目标　掌握降噪的方法

　　我们平时录制的音频，可能会由于各种原因使其中包含各种噪声，在Premiere中可以很方便地对噪声进行降噪处理。

　　本综合训练的最终效果如图9-83所示。

图9-83

01 打开Premiere并新建项目，将"素材文件＞CH09＞综合训练：对音频进行降噪处理"文件夹中的"采访音频.mp3"文件导入"项目"面板中，如图9-84所示。

02 在录制时，因为设备等原因导致此音频存在噪声或杂音，因此需要进行降噪处理。将其拖曳到"时间轴"面板中的A1轨道上，如图9-85所示。

图9-84

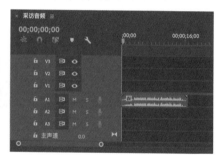

图9-85

03 在"效果"面板中找到"音频效果＞降噪/恢复＞降噪"效果，将其应用到"时间轴"面板中的A1轨道的素材上，如图9-86所示。

04 为了达到更好的效果，一般还需要进行调整。单击A1轨道上的音频素材，调出"效果控件"面板，如图9-87所示。

图9-86

图9-87

05 在"效果控件"面板中单击"自定义设置"中的"编辑"按钮 [编辑...]，打开"剪辑效果编辑器-降噪"效果的详细设置面板，如图9-88所示。

06 在顶部的预设栏中可以设置降噪类型，由于该音频噪声并不大，因此选择"弱降噪"选项，如图9-89所示。

图9-88

图9-89

07 选择"弱降噪"后，效果无法达到最理想的状态。此时可以播放音频，同时调整底部的"数量"参数来达到较好的降噪效果。在这段音频中设置"数量"为50即可达到不错的效果，如图9-90所示。设置完成后可播放试听降噪效果，最终效果如图9-91所示。

图9-90

图9-91

综合训练：制作空灵人声

素材位置	素材文件＞CH09＞综合训练：制作空灵人声
实例位置	实例文件＞CH09＞综合训练：制作空灵人声
学习目标	掌握模拟延迟的方法

本综合训练的最终效果如图9-92所示。

01 打开Premiere并新建项目，将"素材文件＞CH09＞综合训练：制作空灵人声"文件夹中的"回声音频.mp3"文件导入"项目"面板中，作为制作空灵人声的素材。将其拖曳到"时间轴"面板中的A1轨道上，如图9-93所示。

图9-92

图9-93

02 在"效果"面板中找到"音频效果>延迟与回声>模拟延迟"效果，将其应用到A1轨道的音频素材上，如图9-94所示。

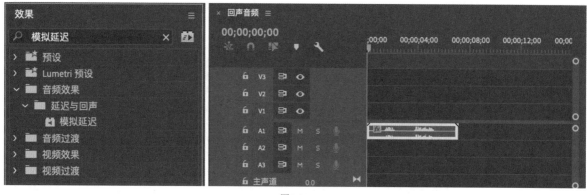

图9-94

03 单击素材调出"效果控件"面板。找到"模拟延迟"的选项，单击"编辑"按钮，调出设置面板，如图9-95所示。

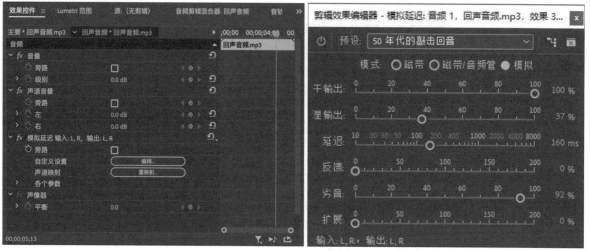

图9-95

04 从"模拟延迟"设置面板中可以看到，默认预设是"50年代的敲击回音"。由于要制作的是空灵人声，因此需要设置"预设"为峡谷回声，如图9-96所示。至此回声效果设置完成，播放即可试听效果，最终效果如图9-97所示。

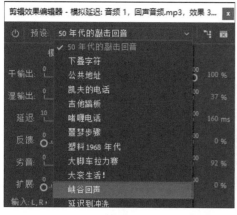

图9-96

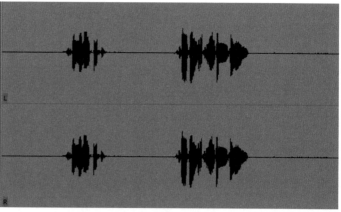

图9-97

综合训练：对音频进行音高转换

素材位置　素材文件＞CH09＞综合训练：对音频进行音高转换

实例位置　实例文件＞CH09＞综合训练：对音频进行音高转换

学习目标　掌握音高转换的方法

本综合训练的最终效果如图9-98所示。

图9-98

01 打开Premiere并新建项目，将"素材文件＞CH09＞综合训练：对素材进行音高转换"文件夹中的"配乐.wav"文件导入"项目"面板中，将"配乐.wav"拖曳到"时间轴"面板的A1轨道上，如图9-99所示。

图9-99

02 为了区分调音前后的音调变化，将时间线移动至00:00:10:00处，使用"剃刀工具" 对其进行分割，如图9-100所示。

03 在"效果"面板中找到"音频效果＞时间与变调＞音高换挡器"效果，将其应用到第2段音频素材上，如图9-101所示。

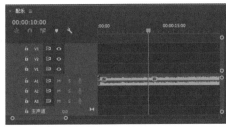

图9-100

图9-101

04 单击第2段音频，调出"效果控件"面板，找到"音高换档器"选项，单击"编辑"按钮，调出设置面板，如图9-102所示。

图9-102

05 在"剪辑效果编辑器-音高换档器"设置面板中对音调进行更改。设置"预设"为默认，可以在设置面板中看到默认"半音阶"为0，如图9-103所示。

图9-103

06 由于要提高音频的音调，因此更改"半音阶"为6，为其增加6个半音，如图9-104所示。至此音调升高操作完成，播放即可试听效果，最终效果如图9-105所示。

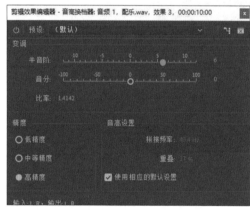

图9-104   图9-105

技巧提示：什么是半音

　　在乐音体系中相邻的两个音之间最小的音高间距为半音，两个半音构成一个全音。现代音乐用7个英文字母C、D、E、F、G、A和B（或小写）来标记音名，唱名为do、re、mi、fa、so、la和si，这7个不同高低的音，其相邻音之间的音高间距有半音和全音之分。E与F和B与C之间为半音关系，其余相邻音之间为全音关系。